Revue d'histoire des sciences

TOME 71 - 2018

SOIXANTE ET ONZIÈME ANNÉE

Revue semestrielle
publiée avec le concours du CNL
et soutenue par l'Institut des sciences humaines et sociales du CNRS

FONDATION POUR LA SCIENCE

ARMAND COLIN

CAPHÉS (UMS 3610, CNRS-ENS)
45, rue d'Ulm - 75005 Paris - France
Tél. : +33(0)1 44 32 29 59

Périodicité
revue semestrielle

Impression
Imprimerie Dupli-print
95330 Domont

Dépôt légal
juin 2018, N° 2015120576

Parution
juin 2018

ISSN
0151-4105

Revue d'histoire des sciences

Tome 71-1 | janvier-juin 2018

Sommaire | *Contents*

Aristote, père de l'astrophysique scientifique

Marie-Noëlle RIBAS *

Résumé : Cet article étudie la manière dont Aristote promeut une méthode d'enquête et de raisonnement originale grâce à laquelle l'astrophysique peut devenir une science au même titre que l'astronomie mathématique. Contre ceux qui croient conférer sa scientificité à l'astronomie en la géométrisant ou en la concevant sur le modèle de la géométrie, Aristote reconsidère la nature de l'astronomie mathématique, son lien à l'astronomie empirique et comment celle-ci doit être distinguée de la physique astronomique comme science indépendante. Parce qu'il montre dans le traité *Du ciel* comment raisonner correctement en physicien sur les objets supralunaires dont la sensation est problématique, Aristote peut être considéré comme le père de l'astrophysique scientifique.

Mots-clés : Aristote ; astronomie physique ; astronomie mathématique ; astronomie empirique ; méthode ; expérience ; raisonnement scientifique.

Summary : *This paper studies the original method of enquiry and reasoning used by Aristotle which allowed astrophysics to become a scientific discipline on a par with mathematical astronomy. Against those who tried to promote astronomy to the rank of science by geometrizing it or by modelling it on geometry, Aristotle reconsiders the nature of mathematical astronomy, how it relates to empirical astronomy and how it must be distinguished from physical astronomy which should be understood as an independent science. In his treatise* On the Heavens, *he demonstrates how to correctly reason on celestial objects, which pose sensory problems, and he can thus be regarded as the father of scientific astrophysics.*

Keywords : *Aristotle ; astrophysics ; mathematical astronomy ; empirical astronomy ; method ; experience ; scientific reasoning.*

* Marie-Noëlle Ribas, UMR 5317 – IHRIM (Institut d'histoire des représentations et des idées dans les modernités), École normale supérieure de Lyon, 15, parvis René-Descartes, BP 7000, F-69342 Lyon Cedex 07.
E-mail : marienoelle.ribas@gmail.com

En adoptant un point de vue physique sur les objets traditionnels de l'astronomie mathématique, Aristote montre qu'il n'est possible ni de résumer l'étude de ces objets à une application de la géométrie des solides, ni de réduire la science astronomique à l'astronomie mathématique. Mais comment est-il possible de raisonner correctement en physicien sur des corps dont l'expérience est problématique ? Cet article étudie la manière dont Aristote prétend conférer sa scientificité à l'astrophysique par l'adoption d'une méthode de raisonnement originale.

Astronomie mathématique et connaissance empirique des phénomènes

Dans des ouvrages comme la *République* ou les *Lois*[1], Platon substitue à l'astronomie d'observation, qui attribue aux planètes des trajectoires irrégulières, une astronomie qui met au jour par le raisonnement et le calcul les mouvements simples et réguliers des astres :

> « Elle est fausse, en effet, mes très chers, cette croyance que la Lune, le Soleil et les autres astres sont parfois errants : c'est le contraire qui est vrai. Chacun d'eux, en effet, parcourt la même route, non pas changeante mais unique et circulaire, encore qu'elle paraisse changeante ; celui d'entre eux qui est le plus rapide est regardé à tort comme le plus lent et inversement[2]. »

Le problème qu'il pose aux astronomes, dans les termes de Simplicius, est le suivant : comment décrire le système de façon à ce que les phénomènes soient « saufs »[3] ? Il faut rendre compte des déplacements des astres apparents dans le ciel diurne et nocturne par une construction géométrique ne faisant intervenir que des mouvements circulaires uniformes[4]. Le recours aux mathématiques permet de rendre raison des contradictions qui existent entre les résultats de l'observation, ce qui semble être comme l'errance des planètes, et ce qui est, à savoir le mouve-

1 - *République*, VII, 529b3-530c1 ; *Lois*, VII, 822a4-b2. Voir également *Epinomis*, 982a-983c : dans ce texte, dont l'authenticité est douteuse, l'auteur expose que la régularité des mouvements des astres nous révèle leur nature intelligente. Les corps célestes seraient soit des dieux soit leurs images.

2 - *Lois*, VII, 822a4-b2. Nous traduisons tous les textes cités du grec.

3 - Simplicius, *De caelo*, éd. Heiberg, 488.

4 - Il est habituellement soutenu que la théorie d'Eudoxe décrite dans son traité *Sur les vitesses* est une réponse à ce défi posé par Platon.

ment circulaire régulier et uniforme de ces astres. Géométriser l'astronomie en l'assimilant à une forme de stéréonomie[5] appliquée est une solution pour conserver au discours astronomique un statut scientifique. Est-ce la voie empruntée par Platon, lorsqu'il soutient aux lignes 530b6-c1 du septième livre de la *République*, que l'astronome doit procéder à partir de problèmes et en prenant le ciel visible comme modèle ?

Ces lignes ont fait l'objet de multiples interprétations en raison de l'affirmation selon laquelle « nous laisserons ce qui est dans le ciel (τὰ δ' ἐν τῷ οὐρανῷ ἐάσομεν), si nous voulons réellement tirer de cette étude de quoi rendre utile la partie naturellement intelligente de notre âme (…) ». Certains comme Heath[6], Neugebauer[7] ou Mittelstrass[8], y ont vu une injonction à écarter les phénomènes célestes à titre d'objets de la science astronomique. Dick[9], par exemple, interprète ce passage comme une invitation à « laisser de côté » l'importante quantité de données d'observations accumulées pour se concentrer sur l'aspect mathématique de leur sujet. D'autres, comme Shorey[10], y ont lu la critique d'un empirisme méthodologique stérile qui entrave la mathématisation de l'astronomie comme science devant dériver les faits de principes posés *a priori*. Mais ce n'est pas ce que dit Platon qui enjoint les astronomes à utiliser le ciel visible comme un « modèle en vue de la compréhension du mouvement réel des astres » (παραδείγμασι χρηστέον τῆς πρὸς ἐκεῖνα μαθήσεως ἕνεκα, 529d7-8). Comme l'ont établi Vlastos et Cleary[11], et comme nous le soutenons à leur suite, cette analogie dressée entre le ciel visible et les diagrammes géométriques est une raison suffisante pour rejeter la lecture forte selon laquelle Platon chercherait à éliminer l'observation des phénomènes de l'astronomie[12]. Faire de l'astronomie à la manière des géomètres n'est pas géométriser

5 - La stéréonomie est l'étude géométrique des solides en mouvement.

6 - Thomas Little Heath, *Aristarchus of Samos* (Oxford : Clarendon Press, 1913).

7 - Otto Neugebauer, *A history of ancient mathematical astronomy* (Heidelberg – Berlin : Springer Verlag, 1975).

8 - Jürgen Mittelstrass, *Die Rettung der Phänomene* (Berlin : de Gruyter, 1962).

9 - David Dick, *Early Greek astronomy to Aristotle* (Ithaca : Cornell University Press, 1970), chap. 5, 106-108 ; 234, note 139.

10 - Paul Shorey, *The Republic*, 2 vol. (Londres : The Loeb Classical Library, vol. I, 1930, vol. II, 1935).

11 - John Cleary, *Aristotle and mathematics : Aporetic method in cosmology and metaphysics* (Leyde : Brill, 1995), 17.

12 - Gregory Vlastos, The role of observation in Plato's conception of astronomy, *in* John Peter Anton (éd.), *Science and the sciences in Plato* (New York : Eidos, 1980), 3. Si c'était le cas, Platon ne réformerait pas l'astronomie, mais la « liquiderait » tout bonnement.

l'astronomie, si cela signifie bannir l'expérience des phénomènes [13]. Lorsque Platon enjoint de « laisser ce qui est dans le ciel », il n'invite pas l'astronome à raisonner abstraction faite des données empiriques mais à délaisser le ciel visible comme objet de savoir. L'astronomie scientifique, qui repose sur l'astronomie empirique qui n'est pas affaire de croyance vraie, doit la dépasser par l'adoption d'une méthode qui consiste à prendre le ciel visible pour modèle afin d'accéder par le raisonnement à la connaissance du mouvement réel des astres [14].

Contre ceux qui pensent sauver les phénomènes en géométrisant l'astronomie réduite à une stéréonomie appliquée et contre ceux qui, comme Platon, conçoivent une astronomie scientifique sur le modèle de la géométrie, Aristote reconsidère le rapport de l'astronomie mathématique à la géométrie.

Au deuxième livre de la *Physique*, il souligne le rapport étroit qu'elle entretient avec la physique [15]. Optique, harmonie, astronomie sont « les plus physiques parmi les disciplines mathématiques » (τὰ φυσικώτερα τῶν μαθημάτων, 194a7-8), car toutes étudient des objets naturels – respectivement, la vue, les sons et les planètes. Mais aucune d'elles n'étudie son objet d'un point de vue physique, c'est-à-dire considération faite de ses qualités sensibles, comme le poids ou la couleur, puisque à titre de disciplines mathématiques, elles examinent leurs objets « en tant que lignes et nombres » :

> « Le même raisonnement vaut également pour l'harmonie et pour l'optique, car ni l'une ni l'autre n'étudient la vision en tant que vision ou le son en tant que son mais en tant que lignes et nombres (pourtant ce sont des affections propres à la vision et au son) et il en est de même pour la mécanique (...) [16]. »

La démarche qu'elles mettent en œuvre se distingue donc de celle du physicien, qui, s'il traite de la forme des planètes et de

13 - Vlastos, *op. cit. in* n. 12, 6-7, montre de manière très convaincante que la théorie des mouvements solaires exposée dans le *Timée* ne bannit pas les données sensibles et n'ignore pas l'*explananda* qu'est le phénomène qu'il s'agit de sauver.

14 - Comme Vlastos, *op. cit. in* n. 12, 9, le montre de manière très convaincante, Platon considère les croyances vraies empiriquement établies comme des prérequis de ces savoirs que sont l'harmonie, par exemple, ou l'astronomie.

15 - *Physique*, II, 2, 193b22-25.

16 - *Métaphysique*, M, 3, 1078a14-17.

l'Univers comme l'astronome mathématicien, n'en traite pas de façon abstraite :

> « En effet, s'il appartient au physicien de connaître l'essence du Soleil ou de la Lune mais aucun de leur attribut par soi, c'est étrange, d'autant plus qu'il apparaît que ceux qui traitent de la nature traitent aussi de la configuration de la Lune et du Soleil et, du coup, se demandent aussi si la Terre et le cosmos sont sphériques ou non. Or, le mathématicien lui aussi s'occupe de ces choses, mais non en tant que chacune est limite d'un corps naturel. Il n'étudie pas non plus leurs attributs en tant qu'ils sont attribués à tels étant < naturels >. C'est aussi pourquoi il les sépare, car elles sont séparables du mouvement par la pensée et cela ne fait aucune différence, de même que n'advient aucune erreur en les séparant [17]. »

En optique, l'examen de la vision fait abstraction de tout processus physiologique, puisque les rayons lumineux sont assimilés à des lignes. Quant à l'astronome-mathématicien, il étudie le mouvement des astres, abstraction faite des propriétés sensibles des planètes, puisqu'il assimile celles-ci à des points et leur trajectoire à des lignes. Reste que l'astronomie, l'harmonie, l'optique et la mécanique sont des disciplines mathématiques qui se singularisent par une démarche inverse à celle de la géométrie :

> « La géométrie, en effet, examine la ligne physique mais pas en tant que physique (οὐχ ᾗ φυσική), alors que l'optique étudie la ligne mathématique, non pas en tant que mathématique, mais en tant que physique (ἀλλ' οὐχ ᾗ μαθηματικὴ ἀλλ' ᾗ φυσική) [18]. »

Ces disciplines appliquées procèdent à rebours des mathématiques pures qui posent comme séparé ce qui ne l'est pas et ne considèrent aucune donnée sensible [19]. L'optique examine la ligne mathématique dans sa dimension physique, car si elle la considère séparément de sa matière, elle réapplique les résultats ainsi obtenus à une matière particulière qu'est la lumière. De même l'astronomie mathématique examine ses objets d'un

17 - *Physique*, II, 2, 193b26-31.
18 - *Ibid.*, 194a9-11.
19 - *Métaphysique*, M, 3, 1078a21-26.

point de vue mathématique, pour rendre raison des phénomènes célestes considérés dans leur dimension physique. Autrement dit, Aristote considère que l'astronomie peut être une discipline mathématique mais, à la différence de ceux qui la géométrisent ou la rapprochent de la géométrie, il l'apparente à ces autres parties traditionnelles des mathématiques dénigrées par Platon [20] que sont l'optique, l'harmonique et la mécanique, dont la particularité est d'être directement appliquées à l'observation ou à des objets d'observation. Il montre que ce n'est qu'à condition de saisir ce qui différencie l'astronomie de la géométrie que l'on peut comprendre ce qu'est l'astronomie mathématique comme science appliquée revêtant une dimension observationnelle et empirique.

Ceux qui pensent conférer sa scientificité à l'astronomie en la géométrisant ou en la concevant sur le modèle de la géométrie se trompent pour Aristote, car ils identifient l'astronomie scientifique à une astronomie mathématique qui considère les astres comme des objets formels. Or l'astronomie mathématique est l'étude des astres comme objets physiques envisagés dans leur dimension formelle. Comme il le souligne au huitième chapitre du livre Λ de la *Métaphysique* [21], l'astronomie est la seule des disciplines mathématiques à considérer des substances, c'est-à-dire des composés de matière et de forme.

Les astres, êtres éternels et pour ainsi dire divins [22], sont sensibles, ce qui explique la nécessité de mener une enquête physique les comprenant également dans leur dimension matérielle. Dans le traité *Du ciel* Aristote entreprend de mener cette investigation complémentaire de celle engagée par les mathématiciens en astronomie. L'intérêt se porte désormais sur les objets célestes compris comme des corps sensibles doués de propriétés physiques :

> « La science physique (Ἡ περὶ φύσεως ἐπιστήμη) traite presque dans sa plus grande partie des corps et des grandeurs,

20 - *République*, VI.
21 - *Métaphysique*, Λ, 1073b3-8.
22 - L'astronomie se situe de ce point de vue à l'intersection de la métaphysique.

> ainsi que de leurs propriétés et de leurs mouvements, et aussi de tous les principes qui sont ceux de ce genre de réalité[23]. »

La mise en œuvre d'une enquête physique qui considère les astres comme des composés de matière et de forme est ce qui confère à la démarche aristotélicienne sa spécificité par rapport à celle de Platon ou encore à celle d'Eudoxe, par exemple. Du point de vue d'Aristote, Eudoxe, qui n'étudie pas les corps célestes dans leur dimension matérielle, se comporte en astronome-mathématicien et non en astronome-physicien, ce qui ne signifie pas que son approche soit purement formelle et abstraite, comme le montre l'attention qu'il prête aux phénomènes[24]. Son système des sphères homocentriques fournit une explication mathématique des phénomènes astronomiques, dont Aristote montre qu'elle n'est pas exclusive d'une étude physique des corps célestes. Dans le traité *Du ciel*, il montre la fécondité de ce modèle de sphères homocentriques dans le cadre

23 - *Du ciel*, I, 1, 268a1-4.

24 - La question de savoir si le système des sphères homocentriques d'Eudoxe est plus géométrique qu'il n'est physique est discutée, car il n'est pas évident de déterminer si Eudoxe considérait ses sphères comme des constructions mathématiques ou comme des entités matérielles. Heath, *op. cit. in* n. 6, 217 ; John Louis Emil Dreyer, *A history of astronomy from Thales to Kepler* (New York : Dover, 1953), 91, 121 ; Marshall Clagett, *Greek science in Antiquity* (New York : Abelard Schuman, 1955), 84 ; Geoffrey Ernest Richard Lloyd, *Early Greek science : Thales to Aristotle* (Londres : Chatto & Windus, 1970), 92, considèrent le système des sphères homocentriques comme une construction mathématique, principalement parce qu'Eudoxe ne se prononce pas sur la nature des sphères ni sur la manière dont les systèmes de sphères des différents corps sont en relation. Selon cette ligne d'interprétation, Aristote, qui emprunte à Eudoxe son système, le modifie profondément en lui conférant une signification physique. Il transformerait une théorie abstraite et géométrique à visée prédictive en un système mécanique de sphères qui représenterait et expliquerait ce qui se trouve effectivement dans le ciel. Larry Wright, The astronomy of Eudoxus : Geometry or physics ?, *Studies in history and philosophy of science*, A4/2 (1973), 165-172, critique cette lecture en soulignant que le système d'Eudoxe n'est pas « une théorie géométrique prédictive » mais une « tentative de physique explicative ». Pour Wright, le silence d'Eudoxe sur la nature des sphères est semblable au refus de Newton de se prononcer sur la nature de la gravité, au motif que le travail du physicien se borne à proposer un modèle explicatif des phénomènes observés. Au lieu d'interpréter la relation entre Eudoxe et Aristote comme l'analogue de celle qui existe entre Ptolémée qui construit un dispositif géométrique et Copernic qui recourt à ce dispositif pour proposer un modèle physique systématique, Wright la présente comme l'analogue de celle qui lie Kepler et Newton, le second travaillant à partir des lois physiques élaborées par le premier. Plus prudent, Chris M. Linton, *From Eudoxus to Einstein : A history of mathematical astronomy* (Cambridge : Cambridge University Press, 2004), 32, choisit de ne pas lever l'indécision quant à la nature géométrique ou physique de la théorie eudoxienne, en soulignant que dans la version aristotélicienne du dispositif, les sphères sont regardées comme des objets physiques réels.

d'une enquête naturelle, après avoir insisté sur la nature physique desdites sphères[25].

Pour Aristote, il faut clairement distinguer l'astronomie mathématique qui raisonne sur les astres à partir de principes mathématiques, de l'astrophysique qui raisonne à partir de principes physiques. Mais comment est-il possible de raisonner scientifiquement en physicien sur les objets supralunaires ? Tel est le problème auquel Aristote se confronte dans le traité *Du ciel*.

Pour une astrophysique scientifique

Expérience astronomique et raisonnement physique

Le recours aux mathématiques dans les études astronomiques n'est pas critiquable, puisque Aristote lui-même reconnaît l'existence d'une science astronomique de nature mathématique et raisonne à l'aide des mathématiques dans ses enquêtes naturelles. Ce qu'il dénonce, en revanche, est l'élaboration de raisonnements qui manquent d'expliquer le phénomène naturel dont ils sont supposés rendre raison, à l'image de ceux mis en œuvre par les pythagoriciens et Platon :

> « Mais il arrive qu'ils parlent des phénomènes (περὶ τῶν φαινομένων λέγουσι), sans rien dire qui ne s'accorde avec les phénomènes (μὴ ὁμολογούμενα λέγειν τοῖς φαινομένοις). La raison de cela est qu'ils n'admettent pas correctement les premiers principes, mais qu'ils veulent que tout se ramène à certaines opinions déterminées (...). À cause de l'attachement à leurs principes, ils semblent faire la même chose que ceux qui, dans les débats, défendent leurs thèses jusqu'au bout. Car ils soutiennent n'importe quelle conséquence sous prétexte qu'ils possèdent des principes vrais, comme s'il ne fallait pas juger certains principes d'après leurs conséquences et surtout d'après leur fin. Or, la fin d'une science productrice, c'est l'œuvre (Τέλος δὲ τῆς μὲν ποιητικῆς ἐπιστήμης τὸ ἔργον), et pour la science physique, c'est le phénomène selon la sensation qui prévaut toujours (τῆς δὲ φυσικῆς τὸ φαινόμενον ἀεὶ κυρίως κατὰ τὴν αἴσθησιν)[26]. »

25 - Linton, *op. cit. in* n. 24, 32 : « La modification aristotélicienne du système d'Eudoxe dans le *De Caelo* est engagée du point de vue non d'un astronome mathématicien, mais comme faisant partie intégrante d'une tentative pour unifier les branches séparées de la philosophie naturelle. »

26 - *Du ciel*, III, 7, 306a5-17.

Raisonner en mathématicien ou en physicien conformément à la nature (ce qu'Aristote appelle raisonner *phusikôs*) n'est pas raisonner de manière logique (*logikôs*) c'est-à-dire de façon stérile, comme ceux qui échouent à expliquer les phénomènes naturels pour partir de principes posés *a priori*, dont ils ne remettent jamais en question la validité, y compris lorsqu'ils entraînent des conclusions en contradiction avec les phénomènes. L'astronome ne doit pas contraindre les phénomènes à entrer dans le cadre d'une explication dont les principes seraient posés *a priori*, mais il doit choisir des principes adéquats au vu de sa connaissance empirique des phénomènes[27]. Même l'astronome-mathématicien qui examine les propriétés formelles des objets supralunaires ne peut pas ignorer les résultats de l'astronomie d'observation au risque de tomber dans la spéculation vaine.

Platon, Eudoxe et Aristote admettent que l'astronomie d'observation est à la base de toute explication astronomique qui se voudrait scientifique et travaillerait à sauver les phénomènes, comme en témoigne l'important travail d'observation qu'Eudoxe consigne dans ses traités intitulés les *Phénomènes*[28] et *Miroir (des cieux)*[29]. Platon et Aristote divergent cependant sur le statut épistémologique de l'astronomie empirique nécessaire à l'astronomie scientifique. Le premier considère que l'astronomie empirique reste dans le domaine de l'opinion vraie en raison de sa dimension observationnelle, et ce, à la différence de l'astronomie mathématique qu'est cette science qui établit par le raisonnement ce qui est vraiment. Le second montre qu'on ne peut concevoir l'articulation nécessaire qui existe entre astronomie empirique et astronomie scientifique qu'à condition de réviser la thèse platonicienne selon laquelle l'expérience ne permet que la formulation d'opinions et de conjectures. L'expérience des phénomènes célestes acquise à force d'observation[30] auto-

27 - Le programme d'enquête astronomique initié par Platon ne doit pas conduire à résorber coûte que coûte les irrégularités observées dans la trajectoire des planètes, au motif que le principe du mouvement uniforme des astres serait vrai et nécessaire *a priori*. Dans le *Du ciel*, Aristote n'admet pas la validité *a priori* de ce principe, qu'il adopte une fois éprouvée sa validité *a posteriori* par un raisonnement appuyé sur les données empiriques.

28 - Le traité des *Phénomènes* est rapporté presque intégralement dans le poème d'Aratos de Soles.

29 - François Lasserre, *The Birth of mathematics in the age of Plato* (Larchmont : American Research Council, 1964), 127, souligne la nature descriptive de leur contenu.

30 - *Métaphysique*, A, 1.

rise une connaissance vraie des faits astronomiques, qu'est l'astronomie empirique qui fournit ses principes propres à la science astronomique :

> « Cependant la plupart < des principes > sont propres à chaque science (ἴδιαι δὲ καθ' ἑκάστην αἱ πλεῖσται) : c'est pourquoi il revient à l'expérience de fournir les principes relatifs à chacun (διὸ τὰς μὲν ἀρχὰς τὰς περὶ ἕκαστον ἐμπειρίας ἐστὶ παραδοῦναι), j'entends, par exemple, que l'astronomie empirique (τὴν ἀστρολογικὴν μὲν ἐμπειρίαν) < fournit les principes > de la science astronomique (τῆς ἀστρολογικῆς ἐπιστήμης). Car lorsque les phénomènes ont été suffisamment saisis (ληφθέντων γὰρ ἱκανῶς τῶν φαινομένων), sont découvertes de cette manière les démonstrations astronomiques (οὕτως εὑρέθησαν αἱ ἀστρολογικαὶ ἀποδείξεις)[31]. »

L'astronomie empirique, qu'il désigne sous le nom d'astronomie nautique, connaît le fait qu'explique l'astronomie mathématique, à laquelle elle se subordonne :

> « Certaines de ces sciences sont presque synonymes, par exemple, l'astronomie mathématique et l'astronomie nautique ; l'harmonie mathématique et l'harmonie acoustique : car dans leur cas, connaître le fait est affaire des empiriques (τὸ μὲν ὅτι τῶν αἰσθητικῶν εἰδέναι), connaître le pourquoi, des mathématiciens (τὸ δὲ διότι τῶν μαθηματικῶν)[32]. »

Aucune enquête scientifique en astronomie, qu'elle soit physique ou mathématique, ne saurait faire l'économie du moment historique de l'enquête scientifique qui établit à partir de l'expérience les faits à expliquer[33]. L'astronome qui prétend raisonner scientifiquement à partir de principes mathématiques ou de principes physiques ne peut pas se passer de l'investigation naturelle qui établit les faits à expliquer sur la base d'une expérience astronomique satisfaisante.

Cette conception aristotélicienne de la science qui affirme que la connaissance empirique fournit ses principes propres aux sciences particulières n'est pas sans faire problème dans le cas précis de la science astronomique qu'elle prend pour exemple,

31 - *Premiers analytiques*, I, 30, 46a17-24.
32 - *Seconds analytiques*, I, 13, 78b39-79a3.
33 - *Premiers analytiques*, I, 30.

puisque la perception directe des objets supralunaires n'est pas toujours possible et que, lorsqu'elle l'est, la très grande distance qui nous sépare d'eux constitue une limite. L'expérience des objets célestes ne peut être que visuelle, or la vue montre des faiblesses dans ce domaine :

> « Parmi toutes les substances constituées par nature, les unes, inengendrées et incorruptibles existent pour absolument toute l'éternité, tandis que les autres participent à la génération et à la corruption. Or il se trouve qu'à propos des premières, toutes dignes et divines soient-elles, notre étude est moins avancée – car en ce qui concerne aussi bien les choses à partir desquelles on pourrait les examiner que ce que nous désirons savoir à leur propos, les évidences relevant de la sensation sont extrêmement faibles (παντελῶς ἐστιν ὀλίγα τὰ φανερὰ κατὰ τὴν αἴσθησιν) (...)[34]. »
> « Car la vue en s'étendant au loin, vacille du fait de sa faiblesse[35]. »

Comment est-il possible dès lors d'élaborer une science astronomique dont les raisonnements ont pour prémisses des principes propres fournis par l'expérience, s'il est vrai que la sensation de ses objets est problématique ? Cette question se pose *a fortiori* dans le traité *Du ciel* où l'on cherche à poser les bases d'une astrophysique scientifique qui considère les astres comme des corps sensibles.

Le caractère problématique de la sensation dans ce domaine n'implique pas de renoncer à la possibilité d'une explication scientifique et, plus particulièrement, à celle d'une explication physique qui considérerait les astres dans leur dimension matérielle. À la question de savoir comment raisonner correctement en physicien sur ces réalités sensibles dont nous avons une expérience limitée voire nulle, le Stagirite répond par l'adoption d'une méthode physique qui compense un défaut de sensation par l'adoption d'un mode de raisonnement original. Rien n'interdit d'établir les faits astronomiques et leurs causes par le raisonnement, pourvu que celui-ci s'appuie sur les données empiriques à disposition.

34 - *Parties des animaux*, I, 5, 644b22-28.
35 - *Du ciel*, II, 8, 290a17.

L'expérience des objets supralunaires a beau être limitée, Aristote considère qu'elle suffit dans certains cas pour raisonner correctement en physicien sur ce dont la sensation est problématique. Si, en règle générale, c'est-à-dire dans le cadre de la physique sublunaire, l'expérience d'un seul cas particulier ne permet pas de généraliser une observation, en astronomie, faute de pouvoir généraliser un fait à partir de l'observation de plusieurs cas semblables, il faut savoir se contenter de ce que l'on sait de manière sûre à propos d'un seul cas. Le caractère limité de notre expérience, ainsi que la présomption selon laquelle ces objets célestes sont moins bigarrés et différents entre eux que ceux d'ici-bas, autorisent un mode de raisonnement plus souple, qu'Aristote résume ainsi : « Il en va de même pour absolument tous comme pour un [36]. » Non par induction sur la base de multiples sensations d'un fait commun à plusieurs éléments mais par extrapolation à partir de la connaissance empirique d'un élément, ce qui est établi pour un astre peut être généralisé à tous les astres, sans exception. Ce principe permet, par exemple, d'établir la sphéricité de l'ensemble des astres, à partir de la seule sphéricité de la Lune [37]. Étant donné les conditions spéciales d'observation en matière astronomique, le physicien substitue à une induction basée sur l'observation de plusieurs cas similaires, un raisonnement extrapolant les résultats acquis pour un seul élément, dont on a une expérience fiable, alliant ainsi observation et raisonnement.

Aristote estime également qu'à défaut de posséder une connaissance empirique suffisante des objets supralunaires considérés, le physicien peut toujours raisonner scientifiquement sur la base de son expérience satisfaisante des corps sublunaires. Au deuxième chapitre du premier livre du traité *Du ciel*, par exemple, l'existence d'un corps simple animé du mouvement circulaire en vertu de sa nature est établie au moyen d'un raisonnement prenant pour point de départ le principe en vigueur dans la physique sublunaire selon lequel les corps naturels se caractérisent par leur mouvement, local en particulier. Les acquis de la *Physique* sont nombreux à être mobilisés ainsi dans le traité *Du ciel*, comme la conception des quatre éléments, celle des mouvements et des lieux naturels, celle de la pesanteur et des lois

36 - *Du ciel*, II, 11, 291b17 : « ὁμοίως ἅπαντα καὶ ἕν. »
37 - *Ibid.*, 291b17-23.

mécaniques de la chute des corps[38]. On mentionnera également le recours à la distinction entre l'acte et la puissance[39], ainsi qu'à son hylémorphisme[40].

Bien qu'il n'ait qu'une sensation limitée des objets célestes, le physicien résout les problèmes astronomiques grâce à son expérience de la Nature, qui lui permet de raisonner correctement, y compris sur ce dont la sensation est problématique ou inexistante. Il raisonne scientifiquement à partir de sa connaissance empirique des objets supralunaires proches comme la Lune ou le Soleil[41], et des objets sublunaires. Le caractère limité de la sensation des objets célestes ne remet donc pas en question la dimension nécessairement empirique et observationnelle de la physique astronomique.

Garantir le caractère physique des raisonnements

Il ne faut pas se laisser abuser par l'omniprésence du champ lexical de la raison dans le traité *Du ciel,* qui pourrait laisser croire qu'Aristote raisonne abstraitement sur des possibilités ou des impossibilités théoriques, sans considération faite à l'expérience. Le Stagirite ne préfère pas « la spéculation à l'observation », contrairement à ce qu'avance Paul Moraux[42]. Le physicien connaît les phénomènes astronomiques par le biais de raisonnements qui n'en sont pas moins scientifiques pour établir ce qui est possible à partir de ce que l'on sait par expérience, puisque Aristote admet que ce qui est possible à propos des entités éternelles est réel[43] :

> « À leur propos, il est beau de chercher aussi à mieux comprendre, bien que nous ne disposions que de ressources très limitées et qu'une distance énorme nous sépare des événements de cette région. Si malgré cela on mène une étude en partant des considérations que voici, il y a toute chance que ce qui fait actuellement difficulté ne soit en rien illogique (οὐδὲν ἄλογον)[44]. »

38 - *Du ciel,* II, 6.
39 - *Du ciel,* I, 12.
40 - *Ibid.,* 19.
41 - *Du ciel,* II, 14, 297b23-25.
42 - Aristote, *Du ciel,* texte établi et trad. par Paul Moraux, réimpr. (Paris : Belles Lettres, 2003), introd., CXVII.
43 - *Physique,* III, 4, 203b30 : « Car être possible et exister ne diffèrent en rien dans ce qui est éternel. » (ἐνδέχεσθαι γὰρ ἢ εἶναι οὐδὲν διαφέρει ἐν τοῖς ἀϊδίοις.)
44 - *Du ciel,* II, 12, 292a14-18.

Le physicien a toute chance de proposer un discours rationnel sur ce qui a actuellement la forme d'une aporie ou d'une difficulté insoluble, pourvu qu'il raisonne sur les données empiriques à disposition ou sur la base d'un principe naturel. C'est pourquoi, y compris dans le premier moment du traité qui paraît très spéculatif[45] pour établir la perfection de l'Univers à partir d'une arithmologie d'allure pythagoricienne[46], Aristote garantit le caractère physique de sa démarche, en posant ce qui s'apparente à une loi naturelle[47] :

> « C'est pourquoi, ayant reçu cela de la nature comme si c'étaient les lois de cette dernière (παρὰ τῆς φύσεως εἰληφότες ὥσπερ νόμους ἐκείνης), nous nous servons également de ce nombre dans les cérémonies consacrées aux dieux[48]. »

En soutenant que la perfection de l'Univers est pour ainsi dire dictée par la Nature, Aristote établit son évidence à titre de principe physique pour les raisonnements futurs[49] :

45 - Il est vrai qu'à première lecture, le caractère physique des raisonnements proposés n'est pas évident, tant est grande la place dévolue au raisonnement par rapport aux observations (« κατὰ τὸν λόγον », I, 1, 268b5-6 ; I, 2, 268b25) et tant les raisonnements ressemblent à des déductions *a priori*, en raison de prémisses qui semblent posées à la manière de celles des géomètres. Au deuxième chapitre du premier livre, par exemple, sitôt après avoir spécifié l'objet de l'examen – les parties de l'Univers de manières distinctes selon l'espèce –, est posé le principe ou point de départ du raisonnement (ἀρχὴν ποιησάμενοι τήνδε, 268b13) selon lequel tous les corps et toutes les grandeurs naturelles sont par eux-mêmes mobiles selon le lieu (268b14-16 ; voir également, II, 14, 296a17-30). L'allure hypothético-déductive du raisonnement est, en outre, soulignée au chapitre suivant, qui fait le départ entre ce qui est admis et ce qui est démontré dans l'analyse (I, 3, 269b18-21). Cette impression selon laquelle les raisonnements proposés ont un point de départ admis *a priori*, est encore renforcée lorsque au premier chapitre du traité, Aristote établit la perfection de l'Univers à partir de considérations arithmologiques. Sans compter que les chapitres suivants traitent des propriétés qui devraient être celles du corps mû circulairement, en reposant sur des analyses conceptuelles, comme celle de la notion de mouvement. Autant de considérations qui expliquent que l'on puisse être tenté de qualifier « la méthode de recherche et d'exposition » de « conceptuelle », en insistant un peu vite sur son caractère en apparence abstrait (Aristote, *Traité du ciel*, trad. et éd. de Catherine Dalimier et Pierre Pellegrin (Paris : GF-Flammarion, 2004), 51).

46 - John Cleary, *Aristotle and mathematics : Aporetic method in cosmology and metaphysics* (Leyde : Brill, 1995), 63, s'étonne de « l'allure quasi-pythagoricienne » du début du traité *Du ciel*.

47 - La perfection de la triade, nombre de la totalité, est présentée comme un fait naturel, à la manière dont on dit parfois du nombre d'or qu'il est inscrit dans la Nature.

48 - *Du ciel*, I, 1, 268a13-15.

49 - Pour une liste des assertions établies à partir de ce principe, voir Moraux, *op. cit. in* n. 42, CXX, n. 1.

> « Concernant ces choses, comme on l'a dit, nous nous conformons à la voie ainsi tracée par la nature elle-même[50]. »

L'allure logique de la démarche adoptée ne doit donc pas occulter le fait qu'il s'agit toujours pour Aristote de raisonner conformément à la Nature (*phusikôs*). Parce que la Nature ne fait rien de contraire à la raison, il est possible d'établir ce qu'il en est d'elle par un raisonnement physique qui ne fasse pas jouer la spéculation contre l'observation. Aussi, lorsque le physicien n'invoque pas la « Nature » pour justifier l'adoption de certains principes, il appuie ses arguments sur des données empiriques. Au deuxième chapitre du premier livre, par exemple, Aristote établit l'existence d'un corps premier en tranchant une série d'hypothèses grâce à l'observation (ὁρῶμεν, 269b13) que le mouvement du feu est un mouvement rectiligne qui part du centre[51]. L'apparence logique du raisonnement proposé se dissipe quand il rapporte les mouvements ascendants et descendants au feu, à l'air, à l'eau et à la terre, et qu'il suggère que le corps mû circulairement vise le ciel et non un quelconque corps dont l'existence serait abstraitement déduite. Les faits astronomiques à partir desquels le physicien raisonne sont ainsi régulièrement convoqués dans le traité, comme la rotation du ciel[52] ; l'immobilité des pôles[53] ; le lever des astres à l'est[54] ; l'absence de modification dans la disposition des étoiles fixes[55] ; la chaleur émanant du Soleil[56] ; l'absence de rotation ou de roulement des astres ; le scintillement des astres fixes ; le fait que la face de la Lune soit tournée vers la Terre[57] ; les phases de la Lune et les éclipses de Soleil[58].

Quant à l'utilisation des observations astronomiques, elle est fonction du degré de visibilité de l'objet considéré. Le recours plus massif et explicite à l'observation dans le second livre plutôt que dans le premier s'explique par la logique d'exposition du traité qui, en l'état, commence par aborder l'Univers et le

50 - *Du ciel*, I, 1, 268a19-20.
51 - *Ibid.*, 2, 269b2-16.
52 - *Ibid.*, 5, 272a5 ; II, 4, 287a11.
53 - *Du ciel*, II, 2, 285b10.
54 - *Ibid.*, 2, 285b18.
55 - *Ibid.*, 6, 288b10 ; 289a6.
56 - *Ibid.*, 7, 289a32.
57 - *Ibid.*, 8, 290a11-27.
58 - *Ibid.*, 11, 291b18-22.

premier ciel difficilement accessible à la vue (surtout lorsqu'il s'agit de spéculer sur la nature et les propriétés du corps sidéral), pour considérer la partie plus visible du ciel et finir par délaisser le monde supralunaire. Dans le premier temps de l'analyse où les insuffisances de l'observation sont plus importantes, le raisonnement est plus spéculatif que par la suite, où, dès que cela est possible, Aristote retrouve une procédure plus conforme à ce qu'il énonce dans les *Analytiques*, lorsqu'il insiste sur l'origine nécessairement inductive de la démonstration scientifique[59]. En témoigne le fait qu'au premier livre du traité, Aristote évite toute dérive logique en adoptant un mode de raisonnement original qu'est une argumentation double faisant converger preuves sensibles et preuves rationnelles. À une preuve physique basée sur l'observation d'éléments partiels comme les corps simples, s'ajoute une preuve logique, dite universelle, prenant généralement pour point de départ une analyse conceptuelle. Lorsqu'il cherche, par exemple, à établir la finitude du corps de l'Univers[60], Aristote redouble l'étude dite « διὰ τῶν κατὰ μέρος[61] », qui mobilise l'observation de corps particuliers, par une étude adoptant un mode de raisonnement universel (καθόλου) ne faisant référence à aucun corps particulier. Les chapitres dix à douze du premier livre offrent un autre exemple de démonstration double, lorsqu'il s'agit de réfuter la thèse platonicienne attribuant l'éternité à ce qui a été engendré. Après avoir examiné la question du point de vue physique, au dixième chapitre, Aristote propose aux chapitres suivants une étude générale des notions comme celles de générable, de corruptible, d'éternel :

> « Il y a certaines personnes pour qui il paraît également possible que quelque chose d'inengendré puisse se corrompre et que quelque chose d'engendré puisse demeurer incorruptible, comme dans le *Timée*. Car < Platon > y affirme que le ciel a été engendré, et que néanmoins il existera pour l'éternité à venir. Nous avons argumenté contre ces philosophes de manière physique (φυσικῶς μὲν), seulement à propos du ciel, mais pour qui fera porter universellement (καθόλου δὲ) l'examen sur toute chose, deviendra clair également ce qui concerne le ciel[62]. »

59 - Voir, par exemple, *Du ciel*, II, 8.
60 - *Du ciel*, I, 5-7.
61 - Parce qu'elle porte sur les différentes parties de l'Univers.
62 - *Du ciel*, I, 280a28-34.

Dans le traité *Du ciel*, Aristote ne renonce pas à tout raisonnement logique au sens positif du terme, qu'est le raisonnement universel qu'il prend soin de toujours associer au raisonnement physique portant sur une partie dudit tout. Raisonner conformément à la nature ne signifie pas bannir tout raisonnement logique de l'analyse mais s'assurer que tout raisonnement, qu'il soit physique ou logique, vise *in fine* l'étude d'un objet physique, comme le ciel. Parler conformément à la nature suppose donc de reconnaître que le phénomène constitue la seule fin de l'analyse, de sorte qu'en dernier ressort lui seul puisse permettre de discriminer les raisonnements pertinents des autres.

Scientificité et méthode

Aristote n'est pas le premier à faire de l'astrophysique en envisageant les astres dans leur dimension matérielle. Anaxagore de Clazomène soutient par exemple que « le Soleil est une masse incandescente, plus grande que le Péloponnèse[63] » et que la sphère des étoiles fixes est composée de feu. Il est néanmoins le premier à montrer comment l'astronomie peut relever de la science physique, si elle se conforme à une certaine méthode qui allie sensation et raisonnement.

Pour se prémunir de toute dérive logique en physique, Aristote énonce des principes méthodologiques clairs, auxquels doit obéir toute enquête astronomique qui se voudrait scientifique. Lorsque les faits peuvent être connus de manière satisfaisante, il faut se fier à la sensation plutôt qu'aux raisonnements (τῇ αἰσθήσει μᾶλλον τῶν λόγων πιστευτέον[64]) et ne faire confiance aux raisonnements que s'ils se montrent en accord avec les phénomènes (καὶ τοῖς λόγοις ἐὰν ὁμολογούμενα δεικνύωσι τοῖς φαινομένοις)[65]. Et lorsque le physicien raisonne sur un cas à propos duquel la sensation manque d'évidence, il le fait toujours sur la base de son expérience. La physique aristotélicienne ne va cependant pas jusqu'à affirmer le primat de la sensation sur la raison. Aristote souligne bien plutôt l'alliance nécessaire qui existe entre sensation et raisonnement, comme c'est le cas dans l'astrophysique scientifique qu'il développe dans le traité *Du ciel* :

63 - Diogène Laërce, *Vie des philosophes*, II, 8.
64 - *Génération des animaux*, III, 10, 760b30-31.
65 - *Ibid.*, 760b31-32.

> « Il semble que le raisonnement témoigne en faveur des phénomènes (ὅ τε λόγος τοῖς φαινομένοις μαρτυρεῖν) et que les phénomènes témoignent en faveur du raisonnement (τὰ φαινόμενα τῷ λόγῳ)[66]. »

Que le phénomène puisse témoigner en faveur du raisonnement qu'il confirme paraît moins surprenant pour un lecteur moderne que l'affirmation inverse qui exprime la possibilité de suppléer un défaut de sensation par le raisonnement comme la possibilité de conforter la sensation par le raisonnement[67]. Affirmer que la raison témoigne en faveur du phénomène sert à rappeler qu'il ne faut pas prendre pour argent comptant les évidences sensibles, en reconnaissant au raisonnement la capacité d'établir la vérité du phénomène. On ne doit pas inférer comme Anaxagore[68] la platitude de la Terre du fait que, lorsque le Soleil se couche ou se lève, sa partie cachée par la Terre semble avoir une arête rectiligne[69]. Bien plutôt doit-on prendre en considération des données comme la distance et la circonférence pour comprendre que ce phénomène plaide en faveur de sa sphéricité. Il faut donc se méfier de ceux qui croient que « la vérité est dans le paraître » (τἀληθὲς ἐν τῷ φαίνεσθαι)[70].

En reconnaissant au raisonnement le pouvoir d'établir en physique ce qui est en vérité par-delà les apparences, Aristote est un digne héritier de Platon. Comme lui, il accorde au raisonne-

66 - *Du ciel*, I, 3, 270b4-5.

67 - Dans le contexte étroit du troisième chapitre du premier livre, cette assertion justifie la mise en œuvre d'une procédure alternative de raisonnement qui fait converger une preuve d'ordre rationnel et une preuve d'ordre sensible. Ici, la conception (ὑπόληψις, 270b6) commune que les hommes ont des dieux témoigne en faveur de ce qui a été établi à propos de la première substance corporelle et va dans le même sens que le témoignage des sens développé peu après. Ne pouvant pas produire une démonstration irréfutable à propos de certains objets dont la sensation est problématique, Aristote recourt à une procédure alternative, similaire à celle qui consiste dans un débat judiciaire à produire un faisceau de preuves attestant qu'il en va nécessairement ainsi qu'on le dit.

68 - Dans son encyclopédie, les *Noces de Philologie et de Mercure* (6.590, 592), Martianus Capella attribue cet argument en faveur de la platitude de la Terre à Anaxagore. Daniel Graham, *Science before Socrates : Parmenides, Anaxagoras, and the new astronomy* (Oxford : OUP, 2013) considère qu'Anaxagore serait le fondateur d'une science astronomique qui teste empiriquement ses hypothèses. Or comme le montre Aristote, confronter ses théories aux données empiriques ne suffit pas pour garantir le caractère scientifique du raisonnement astronomique qui doit, pour l'être, obéir à une méthode de raisonnement susceptible d'établir la vérité du phénomène observé par-delà les apparences sensibles, lorsque cela est nécessaire.

69 - *Du ciel*, II, 13.

70 - *De la génération et de la corruption*, I, 2, 315b9-10.

ment aidé de certains savoirs comme les mathématiques la capacité de corriger notre appréciation de la réalité à partir de la sensation. Au troisième chapitre du premier livre des *Météorologiques*[71], il critique ceux qui soutiennent que les corps en translation et que celui qui les enveloppe sont du feu pur, en raison de la « croyance enfantine » (ταύτης τῆς παιδικῆς δόξης, 339b33-34) en la petitesse des astres. S'ils avaient examiné les dernières démonstrations mathématiques, ces derniers auraient constaté qu'il « est par trop simpliste d'estimer que chacun des corps en translation est de petite taille, parce qu'ils nous paraissent tels, pour nous qui les observons d'ici-bas » (339b35-36). Les astres ne sont pas tels qu'ils apparaissent à nos sens depuis un point d'observation terrestre, comme l'enseignent les mathématiques qui permettent de les appréhender tels qu'ils sont réellement. De la même manière, Aristote recourt dans le traité *Du ciel* à des considérations d'ordre géométrique ou cinématique pour établir la réalité physique, comme lorsqu'il démontre la finitude du ciel au moyen d'une étude de la rotation d'un rayon autour du centre[72]. L'astronomie est cette science dans laquelle l'observation directe est la seule méthode d'observation possible – puisqu'il est impossible de faire autrement l'expérience des corps célestes – et la science dans laquelle l'observation directe est la moins importante, puisque les phénomènes ne se livrent jamais tels quels à la sensation. C'est pourquoi il revient au raisonnement, lequel peut s'appuyer sur les mathématiques, de confirmer ou d'infirmer notre perception, qui doit être prise en considération mais rarement au pied de la lettre[73].

Aristote peut être considéré comme le père de l'astrophysique, non pas au sens où il serait le premier à pratiquer une astronomie scientifique mais au sens où il prétend fournir une méthode d'enquête et de raisonnement conférant sa scientificité à l'astrophysique, discipline distincte de l'astronomie mathématique.

L'originalité de cette méthode physique réside dans la fonction de témoin qu'elle accorde à la raison aussi bien qu'au phénomène. Affirmer que la raison témoigne en faveur des phénomènes permet de souligner que la sensation n'est pas le critère

71 - *Météorologiques*, I, 3, 339b30-36.
72 - *Du ciel*, I, 5.
73 - *Météorologiques*, I, 3, 339b30-36.

ultime de la vérité en astrophysique : à défaut d'évidence sensible, il revient au raisonnement d'établir et d'expliquer ce qui est, pourvu qu'il reste dans les limites de ce qui paraît possible d'après l'expérience. Soutenir à l'inverse que le phénomène témoigne en faveur de la raison permet de rappeler la primauté du phénomène auquel le raisonnement physique doit en définitive se conformer.

Conclusion

Qu'il faille recourir aux mathématiques pour penser la nature et le mouvement des astres, parce que les faits astronomiques ne sont pas évidents à considérer par la seule sensation, ne signifie pas que seule une approche mathématique de ces derniers soit légitime. Les objets astronomiques, qui sont des substances douées de matière et de forme, doivent également être appréhendés du point de vue du physicien.

Aristote qui est le premier philosophe à promouvoir une méthode scientifique pour une théorie globale cohérente de la physique des astres peut être considéré comme le père de l'astrophysique, si différente soit-elle de l'astrophysique moderne.

L'inoculation de la petite vérole à Lyon : De la condamnation à l'acceptation (1779-1811)

Serge BOARINI *

Résumé : La contribution porte sur la construction de la perception des risques ou des dangers en matière de santé à l'occasion d'un moment de crise, l'inoculation de la petite vérole. Pour cela, elle part de l'exemple de la condamnation en 1779 d'un négociant et du médecin qui a inoculé ses deux enfants, dans la ville de Lyon. Alors que l'inoculation est perçue comme un danger en 1779, elle va s'établir progressivement comme un procédé sûr si bien qu'au moment du triomphe de la vaccination, loin d'être jetée aux oubliettes de l'histoire de la santé, elle va au contraire être consacrée comme un procédé fiable et valide. Les péripéties de l'histoire du médecin Michel O'Ryan, de la condamnation à la reconnaissance, fournissent le fil directeur de la construction du risque sanitaire. La contribution dégagera les conditions requises pour qu'un risque sanitaire soit perçu comme tel. Elle esquissera enfin les principes d'une étude de l'écriture des risques sanitaires.

Mots-clés : inoculation ; petite vérole ; risque sanitaire.

Summary : *The contribution focuses on the construction of the perception of risks in the very moment of inoculation in XVIIIth century. For this, it analyses the condemnation in 1779 of the physician who inoculated two children of a merchant in the city of Lyon. While inoculation is perceived as a danger in 1779, it will nevertheless gradually establish itself as a safe process, so that the triumph of vaccination, the safest process discovered by Jenner, will finally consecrate inoculation as a reliable and valid process. The adventures of Michel O'Ryan, the physician first condemned, give the guidelines of a pattern for the construction of health risks. The contribution exhibits which are the requisite conditions for perceiving health risks as such. Finally, it intends to elaborate principles for studying the manner of writing health risks.*

Keywords : *inoculation ; smallpox ; health risk.*

* Serge Boarini (professeur agrégé, docteur ès lettres – philosophie), Lycée l'Oiselet, rue Vaucanson, 38300 Bourgoin-Jallieu.
Courriel : serge.boarini@ac-grenoble.fr

Contre les ravages de la variole dans l'Europe du XVIIIe siècle, des médecins ont proposé différents remèdes[1]. Avant la découverte de la vaccine par Edward Jenner, des procédés d'inoculation de la « petite vérole » ont été élaborés empiriquement. L'invention de ce procédé est attribuée à des pays lointains ; elle remonte à des temps anciens ; enfin, le procédé n'a pas pour seule fin de préserver la vie ou la santé mais également la beauté des femmes circassiennes. Ainsi le procédé est empirique ; il est enraciné dans un imaginaire, dans un temps et un espace fondateurs ; il est importé en Europe. Cependant il est aussitôt replacé dans un monde occidental et rationnel qui calcule les avantages, pour la population, d'un procédé qui n'emportera jamais que quelques victimes[2] : « L'inoculation a valeur de symbole[3]. » C'est à ce symbole que ces pages sont consacrées. À travers l'exemple de la condamnation qui frappe à Lyon en 1779 un médecin inoculateur et le bourgeois qui fit appel à ses services, elles veulent montrer comment la perception des risques sanitaires a évolué. En effet, onze ans plus tard, le même médecin Michel O'Ryan vantait la sûreté de sa méthode ; vingt ans après, la commission nommée par la Société de médecine de Lyon évoquait en des termes plus modérés les apports du procédé inoculatoire : « [...] on étoit forcé de la préférer à la petite vérole naturelle. » (*Rapport sur la vaccine* (Lyon, 1801), 4.) Dix ans encore et l'inoculation passait à Lyon pour un procédé très sûr : la Société de médecine parle des « succès brillans qu'obtint cette inoculation », et elle soutient qu'elle a été « rarement meurtrière »[4]. Comment une même pratique initialement

1 - Cette contribution développe considérablement un article paru dans *Pratiques*, 71 (octobre 2015), 34-36. Elle doit beaucoup aux conseils généreux de MM. Samy Ben Messaoud, Gérard Bruyère, Pierre Crépel. Toute inexactitude et toute erreur sont de mon fait. Dans l'article, j'ai respecté l'orthographe d'époque dans les citations et titres de publications.

2 - « L'inoculation est d'abord l'exemple même de la tentative d'annuler un mal à venir : protéger le corps contre toute occurrence, en le transformant comme de l'intérieur. Elle s'accompagne du premier calcul sur le risque d'échec du geste inoculateur lui-même. » (Georges Vigarello, *Histoire des pratiques de santé* (Paris : Éditions du Seuil, 1999), 192.) Les études sur l'inoculation sont nombreuses. Font référence en langue française : Catriona Seth, *Les Rois aussi en mouraient* (Paris : Desjonquères, 2008), qui cite le jugement de la sénéchaussée de Lyon aux pages 89-90 ; Pierre Darmon, *La Variole, les nobles et les princes* (Bruxelles : Éditions Complexe, 1989) ; Pierre Darmon, *La Longue traque de la variole* (Paris : Librairie académique Perrin, 1986). En langue anglaise, m'ont été utiles les livres suivants : Donald R. Hopkins, *Princes and peasants : Smallpox in history* (Chicago-Londres : The University of Chicago Press, 1983) ; Peter Razzell, *The Conquest of smallpox* (Firle : Caliban Books, 1977) ; Stanley Williamson, *The Vaccination controversy* (Liverpool : Liverpool University Press, 2007), qui présente le « *Suttonian System* » aux pages 48-73.

3 - Vigarello, *op. cit. in* n. 2, 147.

4 - *Séance publique du Comité de vaccine de Lyon du 25 novembre 1811* (Lyon : Ballanche, 1812), 14 (bibliothèque municipale de Lyon [BM Lyon] 353 014).

perçue comme un risque que nous appellerions aujourd'hui sanitaire et social a-t-elle été tolérée voire encensée comme un bienfait, et tout cela en vingt ans ? C'est à ce changement de perspective que la contribution s'intéresse. Au moment où la vaccination apparaît et l'emporte sur l'inoculation, l'histoire de la sûreté du procédé inoculatoire est réécrite : plus l'inoculation cède du terrain, plus elle est décrite comme un procédé fiable. La lutte contre la petite vérole change de paradigme : la maladie n'est plus transmise, sous une forme atténuée, à l'homme afin qu'il en soit enfin protégé ; une maladie d'une autre espèce, et qui ne menace pas la santé de l'homme, est insérée dans le corps. Après avoir rappelé le contexte et présenté les parties prenantes du jugement de 1779 [5], la contribution s'intéressera à la réception du procédé suttonien à Lyon, avant de souligner le changement de perspective qui affecte le procédé inoculatoire. Dans la période intermédiaire entre la fin de l'ère inoculatoire et l'essor de l'ère nouvelle de la vaccination, comment se défont et comment se construisent les récits du risque sanitaire attaché à la pratique ancienne ?

* * *

L'affaire

Pour en prendre la pleine mesure, la condamnation doit être rapportée à son contexte administratif, médical, et politique. La ville de Lyon n'était pas le siège d'un parlement ; les affaires de justice criminelle étaient traitées par un présidial créé en 1551 [6], qui dépendait du parlement de Paris. Le présidial et la sénéchaussée, unis depuis l'édit du 22 avril 1705 [7], jugent en dernier ressort des sen-

5 - Les pièces originales de l'instruction du jugement de 1779 sont consultables aux Archives départementales du Rhône [ADR], cote BP 1813. Les pièces imprimées se trouvent aux cotes : BM Lyon 111 953 (jugement de 1779), Archives municipales de Lyon [AML] 702 893 et BM Lyon 114 352 (jugement de 1778).

6 - Daniel Jousse, *Traité de la jurisdiction des présidiaux* (Paris : Debure aîné, 1762), 669. La sénéchaussée de Lyon a été créée par Philippe le Bel par les lettres patentes du 23 juin 1313 : Ennemond Fayard, *Nouvelles études sur les anciennes juridictions lyonnaises* (Paris : Guillaumin – Lyon : P. Giraudier, Glairon-Mondet, 1867), 184. « Le sénéchal était gouverneur pour le fait de la police, chef de la justice, inspecteur et intendant pour veiller sur tous les officiers. » (*Ibid.*) La sénéchaussée de Lyon fut réorganisée par un édit de septembre 1771.

7 - « Edit du Roy, portant Union de la Sénéchaussée ET Siege Présidial de Lyon à la Cour des Monoyes, créé en ladite Ville par Edit du mois de Juin 1704. Donné à Versailles au mois d'Avril 1705. Registré en Parlement le vingt-deuxième Avril 1705. »

tences qui n'excèdent pas 500 livres. Dans l'histoire de l'inoculation, Lyon a une place particulière : « Entre 1758 et 1765, Grassot et Pouteau pratiquent 200 inoculations à Lyon[8] », soit le même nombre que sur tout le territoire pour l'intervalle de 1756 à 1758[9]. Dans la dixième objection, qui porte précisément sur les risques de contagion provoquée par la petite vérole artificielle, l'article « Inoculation » de l'*Encyclopédie* cite la ville de Lyon comme exemple de sûreté[10].

Les faits

Suite à la requête d'un bourgeois lyonnais, Alexandre Faure, la sénéchaussée de Lyon condamnait le 23 décembre 1779 le médecin O'Ryan et le sieur « Devillas-Boissier (*sic*) », négociant, à 300 livres d'amende. Ils avaient contrevenu à la disposition d'un jugement en date du 9 mai 1778, réglementant la pratique de l'inoculation et l'interdisant dans l'enceinte des murs de la ville de Lyon. Le jugement de 1778 comme celui de 1779 devaient être imprimés et affichés dans tous les « endroits accoutumés de cette Ville » afin, vraisemblablement, de calmer les esprits échauffés comme de prévenir les initiatives hasardeuses de tout médecin. L'émoi concernait les risques d'extension d'un fléau, la variole, par des moyens censés le contenir. Dans son jugement du 23 décembre 1779, la sénéchaussée suit les vues du plaignant. La question porte sur un différend privé : le préjudice est causé par un particulier et affecte un autre particulier. Le terrain n'est pas celui d'une affaire publique ni même une affaire de santé d'abord, mais celui de l'application d'un jugement de portée générale à un cas particulier.

Il est reproché au sieur Devillas « d'avoir fait inoculer, le 16 dudit mois [décembre 1779], dans son domicile en cette Ville, deux de ses enfants, par le sieur Orian, Médecin audit Lyon, après avoir reçu la veille, à sept heures du matin, le remede préparatoire ». L'inoculation est faite dans la ville, au lieu du domicile des enfants, par un médecin inoculateur, en contravention avec le jugement de 1778, sans avoir pris les mesures de précaution imposées par ce jugement

8 - Darmon (1986), *op. cit. in* n. 2, 107.

9 - *Ibid.*, 92. Lyon comptait aussi des adversaires – dont Jean-Baptiste Rast de Maupas (1732-1810). Sur l'histoire de l'inoculation à Lyon : Galia Sekkai, « Histoire de la variole à Lyon », thèse de doctorat d'État (univ. Lyon I, 2013), 89-107.

10 - « Les Medecins de Londres témoignent que l'*inoculation* n'a jamais répandu l'épidémie. On n'a rien observé de tel à Paris, à Lyon, à Stokolm [...]. » (« Inoculation », *Encyclopédie* (Neuchâtel : S. Faulche, 1765), t. VIII, 765.)

et sans avoir égard aux inquiétudes de leur voisin. Le jugement enjoint le père de transporter sous vingt-quatre heures les deux enfants inoculés en dehors des murs de la ville. Le médecin inoculateur et le père de famille se voient condamnés : « [...] ledit sieur Devillas, & le sieur Orian qui a inoculé les deux enfants dudit sieur Devillas, sont condamnés chacun en trois cents livres d'amende en faveur des Pauvres des deux Hôpitaux de cette Ville. » Le père est condamné aux dépens en faveur du voisin plaignant ; le médecin se voit rappeler à plus de circonspection à l'avenir : « Enjoint audit sieur Orian d'être plus circonspect à l'avenir, à peine d'être poursuivi extraordinairement ; ledit sieur Devillas condamné aux dépens envers le sieur Faure, pour tous dommages & intérêts. » Le jugement s'appuie sur l'arrêt de règlement de la cour de parlement de 1763 et il sera imprimé et affiché avec celui du 9 mai 1778[11]. À l'occasion de l'appel interjeté par Devillas, Pierre-Antoine Barou du Soleil souligne trois points : l'inoculation a été faite au domicile du négociant ; ce dernier a été informé des plaintes de son voisinage avant que le jugement soit rendu ; le montant de l'amende a été fixé en tenant compte de la fortune du négociant[12].

Dans le jugement du 23 décembre 1779, dont les pièces ont été archivées et dont certaines ont été imprimées, signe certain du retentissement de cet événement, se trouvent quelques-unes des caractéristiques d'un *fait divers* : l'émoi du public ; la mise en scène de cet émoi – le « procès » se veut la re-présentation du public (l'émoi du public est non seulement la source de la plainte mais il est encore ce qui fait l'objet de l'instruction) – ; la singularité exemplaire (le fait, pour être unique et individualisé dans le temps comme par le lieu, est également typique de ce que le public attend des médecins et des forces de police).

Les personnes

Michel O'Ryan est natif de Limmerick (Irlande)[13]. Il s'inscrit en novembre 1768 à la faculté de médecine de Montpellier avec

11 - « Ordonné au surplus qu'à la diligence du Procureur du Roi, notre Jugement du 9 Mai 1778, sera de nouveau imprimé & affiché dans tous les endroit accoutumés de cette Ville, & que le présent Jugement sera pareillement imprimé & affiché. » (Jugement de la sénéchaussée de Lyon, 23 décembre 1779.)

12 - « Lettre de Barou du Soleil au Procureur général », 27 décembre 1779 (Bibliothèque nationale de France [BNF] MS Joly de Fleury 383, f. 194r-v).

13 - Il ne faut pas le confondre avec Michel Ryan, reçu docteur en médecine à Édimbourg en 1784, mort en 1823.

son binôme, Guillaume O'Brien [14] ; il est médecin en 1770 [15]. Robin de Mozas affirme qu'il aurait été étudiant à Toulouse [16]. Agrégé au collège de médecine de Lyon le 26 juin 1780 [17], il figure comme professeur en pharmacie dans la liste du collège des médecins dans l'*Almanach astronomique et historique* de la ville pour l'année 1782 [18] – la dernière mention de son nom date de 1792. Il apparaît, sur la liste des médecins reçus à l'hôtel-Dieu, en 1785 [19]. Il livre une communication au collège des médecins lors de la séance du 10 octobre 1782 [20]. Sa renommée posthume est modeste puisque aucune monographie ne lui a été consacrée [21]. Auteur de plusieurs imprimés qui traitent de thèmes disparates, trois contentieux ou controverses scientifiques marquent sa carrière : l'affaire de l'inoculation ; le litige avec Joseph Sutton sur le droit de propriété du procédé inoculatoire ; le magnétisme animal dont il se fera l'adversaire. Il est mentionné parmi les « médecins de premier ordre » qui travaillèrent avec Philibert Collomb, consultant entre 1783 et 1796 [22].

Le père de famille, Paul-Étienne Devillas-Boissière, est né le 1er septembre 1745 à Lyon [23] ; il a épousé à Nyon (Suisse) Victoire-Julie Boissière le 4 juin 1773. Après avoir perdu un premier enfant en 1774, le couple a une fille et un garçon : Élisabeth (1776-1856) et

14 - Hélène Berlan, *Faire sa médecine au XVIIIe siècle : Recrutement et devenir professionnel des étudiants montpelliérains (1707-1789)* (S. l. : Presses universitaires de la Méditerranée, 2013), 175-176.

15 - *Almanach historique et politique de la ville de Lyon et du département du Rhône, pour l'année 1806* (Lyon : Ballanche), 256.

16 - Robin de Mozas, *Mémoire pour le sieur Joseph Sutton* (Paris : s. n., 1785), 7.

17 - Serment consultable aux ADR BP 3619.

18 - *Almanach astronomique et historique de la ville de Lyon* (Lyon : Aimé de La Roche, 1782), 192.

19 - Jacques-Pierre Pointe, *Notice historique sur les médecins du Grand Hôtel-Dieu de Lyon* (Lyon : T. Pitrat, 1826), 53.

20 - « Me o Ryan lut ensuitte un Mémoire sur les heureux effets du [?] donné à haute dose contre le délire qu'on observe sur la fin desfièvres putrides. » (« Registre du College des Medecins de Lyon », 10 octobre 1782, feuille 29.) Il intervient de nouveau dans la séance du 11 décembre 1783 pour l'observation du cas d'une « danse de saint Guy » (*chorea sancti Viti*), « survenu dans le cours d'une petite vérole inoculée » (*ibid.*, feuille 58).

21 - Jean Audry, Un procès lyonnais : L'inoculateur Sutton et le médecin O'Ryan, *Lyon médical*, t. 130 (1921), 883-888, fait figure d'exception.

22 - Conseil général d'administration des hospices civils de Lyon, *Histoire du Grand Hôtel-Dieu de Lyon des origines à l'année 1900* (Lyon : M. Audin, 1924), 293. Son nom ne figure pas dans le *Tableau général des Victimes & Martyrs de la Révolution en Lyonnais, Forez et Beaujolais spécialement sous le Régime de la Terreur 1793-1794* (Saint-Étienne : Société de l'Impr. Théolier, 1811), d'Antonin Portallier.

23 - « Les protestants lyonnais des XVIIIe et XIXe siècles », *in* Huguenots de France et d'ailleurs : Le site de la généalogie protestante en France [consulté le 21 mars 2017]. Disponible sur : http://huguenots.free.fr/france/lyon/lyon18/dat11.htm#1

Élisée (1778-1845) sont les deux enfants inoculés. Paul-Étienne Devillas deviendra maire de Vaise, alors faubourg de Lyon [24], où il résidera. Un acte de vente fait chez le notaire Dubost, en date du 29 vendémiaire an III (20 octobre 1794), fait mention de la vente pour 40 000 livres d'une « maison pour le maitre, et batimens pour le granger, Cours, Jardin, et Fours tant contigus que Séparés, Consistants en Vignes, Terres, et Prés [25] ». Négociant au port Saint-Clair, il a exercé la fonction de vice-président laïque du consistoire de l'Église réformée de Lyon [26]. Le nom de Devillas figure dans la liste des membres du comité de vaccine institué à Lyon, le 21 prairial an XII, où il siège à titre de membre du conseil municipal [27] – les procès-verbaux du conseil municipal de Lyon portent la présence d'un Devillas pour l'an IX. Paul-Étienne meurt le 13 mai 1813.

La réception du jugement

Dans son premier numéro en date de 1779, *Le Porte-feuille lyonnois* fait parler une « Dame » : « [...] je suis convaincue, *par les faits arrivés dans notre ville*, que l'inoculation ne garantit ni de la mort, ni d'une rechute [...] [28]. » Au moment de la condamnation d'O'Ryan et de Devillas-Boissière, l'inoculation est déjà pratiquée à Lyon. L'article ne fait pas état de la contagion de la petite vérole artificielle, ni de l'émoi de la population citadine. L'affaire inoculatoire est une affaire privée. La *Gazette de santé* rapporte les faits jugés en 1779 dans des termes péjoratifs : loin d'être un progrès thérapeutique, porté par les connaissances, l'inoculation est un procédé rétrograde et pétri de préjugés. Les inoculateurs ne cherchent qu'à s'enrichir. Enfin les lois dressées contre l'inoculation ont pour objectif de protéger « la sûreté publique » [29]. Or celle-ci désigne moins l'état de santé de la population que la tranquillité publique. Le désordre que veulent contenir les lois reste de nature sociale et non de nature sanitaire.

24 - *Almanach historique et politique de la ville de Lyon et du département du Rhône pour l'année bissextile 1812* (Lyon : Ballanche), 79.

25 - « 29. Vendémiaire. 3. an. Rép. 20. 8bre. 1794. V.S. Vente Devillas-Boissière. Epouse Lezan » (ADR 3 E 4506, f. 1r-v).

26 - *Almanach historique et politique de la ville de Lyon et du département du Rhône pour l'année 1813* (Lyon : Ballanche), 20 et 73.

27 - ADR 5 M 207.

28 - *Le Porte-feuille lyonnois* (Minorque [Lyon] : s. n., 1779), n° 1, 90 (je souligne).

29 - « [...] il se trouve des hommes qui n'ayant d'autres raisons que des systèmes pris dans des livres ou les préjugés de l'enfance, d'autre motif que leur cupidité, d'autre arme pour leur défense qu'une opiniâtreté aveugle & barbare, bravent & transgressent les loix les plus sacrées, celles qui sont instituées pour la sûreté publique. » (*La Gazette de santé*, 6 février 1780, n° 6, 22.)

Le fondement du jugement

Le jugement de 1779 fait référence à deux autres textes, l'un de la sénéchaussée de Lyon (1778) et l'autre de la cour du parlement (8 juin 1763).

En 1763, les propos d'Omer Joly de Fleury, avocat du roi, mettent en balance le droit du particulier mû par la crainte de contracter la maladie, et l'intérêt collectif qui cherche la sécurité et qui veut se prémunir contre toute contagion. Le droit du particulier fait prévaloir « l'espérance que c'étoit une voie assurée de se soustraire aux dangers d'une petite-vérole naturelle[30] ». Cette espérance ne peut reposer que sur une présomption, celle de ne pas être une seconde fois victime de la maladie. Elle n'est pas établie par des connaissances certaines. L'inoculation volontaire est l'effet d'une décision libre et non-sujette à une réglementation. Au contraire, l'intérêt collectif voudrait que fussent évités les troubles et les craintes qui s'appuient sur une autre conception de la maladie – et non de l'inoculation en elle-même –, la maladie comme facteur de contagion. Cette dernière impression semble l'emporter[31]. Si la petite vérole naturelle, parce qu'elle arrive par surprise, ne permet pas « que l'autorité publique intervienne pour prescrire des précautions[32] », en revanche la petite vérole artificielle peut être préparée : « [...] celui qui s'y résigne prend son temps pour se la faire donner à son choix & à sa volonté[33]. » L'inoculation est donc à la discrétion de celui qui la réclame, pour lui ou pour sa descendance. La difficulté est de concilier la liberté de chacun de se faire inoculer et la demande de sécurité du public – par exemple en prévoyant l'exclusion temporaire hors de la ville. La finalité du discours de Joly de Fleury est d'assurer la tranquillité d'esprit des candidats à l'inoculation et la sécurité de la population, et pour cela « de considérer s'il est convenable de laisser pratiquer par provision l'inoculation de la petite-vérole[34] ». La liberté qui a été concédée se heurte désormais aux « alarmes », aux « inquiétudes » qui amènent à proposer « une défense provisoire »[35]. Des deux craintes, celle de la plus grande partie de la population doit être écoutée en priorité. Mais l'organisation précise de cette pratique de santé n'est pas évoquée :

30 - *Arrêt de la Cour de Parlement, Sur le fait de l'Inoculation. Du 8 juin 1763* (Lyon : P. Valfray, 1763), 3.

31 - « [...] & il sembleroit qu'il y a en général plus d'inquiétude que de sécurité. » (*Ibid.*)

32 - *Ibid.*, 5.

33 - *Ibid.*

34 - *Ibid.*, 6.

35 - *Ibid.*, 7.

rien n'est dit de la production des titres de l'inoculateur, de la déclaration des pus varioliques prélevés et conservés, du lieu de l'inoculation, de la tenue de registres. Tout paraît relever d'une initiative privée et non-réglementée dans un espace public et ouvert. Il n'est fait mention que des « précautions auxquelles il conviendroit assujétir ceux qui pratiqueroient l'inoculation, ou seroient inoculés [36] » et des délais de confinement [37]. L'inoculation est d'abord une affaire de police pour laquelle les connaissances de la médecine d'abord et de la théologie ensuite, sont requises.

Parce que le jugement de la sénéchaussée de Lyon de 1778 se situe après « l'exemple courageux & à jamais mémorable qu'en a donné notre auguste Monarque [38] », le regard sur l'inoculation change : « [...] tout a concouru à vaincre les préjugés qui s'élevoient contre cette méthode salutaire [...] [39]. » La liberté privée veut la sécurité ; le public veut la prévention des dangers. Charles Masso de La Ferrière, le sénéchal de Lyon, met en exergue la singularité de la ville : la population y est nombreuse et dense ; les quartiers sont resserrés ; le commerce a une importante activité. Tout concourt à rendre « la communication des maladies contagieuses plus facile & plus rapide [40] ». Il s'agit alors de dissiper les « alarmes du plus grand nombre des citoyens [41] ». Ainsi le même procédé, bien que présenté comme plus sûr qu'il n'était en 1763, fait l'objet d'une surveillance plus serrée. La considération de police générale prime sur les certitudes médicales. La sécurité sanitaire cède le pas à la sécurité publique. Les désordres ne viennent pas du procédé lui-même ; ils sont imputables à « l'indiscrétion des Inoculés & à l'imprudence des Inoculateurs [42] ». En 1763, le procédé était confiné parce qu'il était douteux ; en 1778, il est confiné bien qu'il ne soit plus douteux. Le procédé, conforté par d'« heureuses expériences », est contesté en raison du désordre de la conduite des particuliers : « [...] depuis qu'on inocule indifféremment dans tous les quartiers de la ville [43] »,

36 - *Arrêt de..., op. cit. in* n. 30, 8.

37 - « [...] depuis le jour qu'ils auront été inoculés, jusqu'au délai de six semaines après leur guérison » (*ibid.*, 10).

38 - *Jugement de la Sénéchaussée de Lyon, QUI défend à toutes personnes quelconques de se faire inoculer dans l'enceinte de cette Ville... Du 9 Mai 1778* (Lyon : Imprimerie du Roi, 1778), 2.

39 - *Ibid.*

40 - *Ibid.*

41 - *Ibid.*

42 - *Ibid.*

43 - *Ibid.*

la petite vérole est devenue habituelle dans Lyon. Alors que l'encadrement sanitaire devrait être plus rigoureusement défini, et pour de plus sérieux motifs qu'en 1763, il n'en est rien : les mêmes dispositions sont reconduites alors que le contexte a changé. L'obligation faite à la personne inoculée d'obtenir la permission écrite du médecin, ou du chirurgien, pour revenir parmi la société[44], montre bien que la question est d'abord celle de la sécurité publique et non celle de la sécurité sanitaire[45]. La disposition limite « l'intérêt personnel » mais elle protège « la sûreté & la tranquillité publique ».

La condamnation d'O'Ryan et de Devillas-Boissière est moins l'expression d'un souci de sécurité sanitaire que du renforcement de la sécurité publique. Mieux le procédé est établi par la médecine, plus il est soumis à contrôle par les autorités de justice. Le sentiment du danger se déplace : il n'est plus rapporté au procédé inoculatoire, mais à l'imprudence des inoculateurs. La liberté privée n'est pas limitée pour protéger la sécurité publique ; elle est limitée parce qu'elle ne sait pas s'exercer sans menacer la sécurité publique. Pour l'inoculation, l'affaire est de police[46] ; pour la maladie dont les causes sont attribuées à des variations saisonnières, le laisser-faire est de principe. Barou du Soleil prend soin de solliciter le procureur général pour qu'il confirme les textes de 1763 et 1778. Ailleurs, Dominique Peffault de La Tour, médecin auprès du collège de la Flèche dont les élèves devaient être inoculés par Angelo Gatti, conclut sa lettre de souhaits et de recommandations : « [...] je serai d'ailleurs trop recompensé si je puis (quoy qu'ignoré) Concourir sous les auspices de votre autorité a la seureté publique[47]. » Jean-Jacques Paulet, adressant son ouvrage à Joly de Fleury, lui demande de « faire un reglement de police pour prévenir les abus et le désordre qui se commet dans Paris, relativement à la contagion de cette maladie[48] ».

O'Ryan et la méthode suttonienne

L'originalité de la méthode suttonienne semble tenir en ces trois points : la préparation particulière avant et après l'inoculation (pur-

44 - *Jugement de..., op. cit. in* n. 38, 3, 4.

45 - *Ibid.*, 2.

46 - Barou du Soleil justifie le montant de l'amende imposée par les « conséquences funestes de la contravention » (*ibid.*).

47 - « Lettre de Peffault au Procureur général », 7 janvier 1769 (BNF MS Joly de Fleury 383, f. 176r ; je souligne).

48 - « Lettre de Jean-Jacques Paulet au Procureur général », 15 novembre 1769 (BNF MS Joly de Fleury 383, f. 177v ; je souligne).

gation, alimentation, grand air) ; le mode d'insertion du pus variolique ; une certaine poudre dont l'efficacité a été mise en question.

L'invention suttonienne

Le secret des Suttons dévoilé décrit la méthode suttonienne en suivant Simeon Worlock, beau-père de Daniel Sutton [49]. Une préparation de quelques jours précède l'insertion des pus varioliques : purgation « deux fois avec une certaine poudre » l'avant-veille ; régime alimentaire (« farineux »). L'inoculation est une insertion : une lancette préalablement trempée dans de l'eau est chargée de pus variolique desséché ; appliquée horizontalement à la hauteur du deltoïde, la lancette vient piquer le bras de manière superficielle, sans provoquer de saignement. Pendant l'apparition des pustules, les inoculés sont conduits dans un jardin pour marcher et prendre l'air. Enfin une purgation annonce la fin de l'opération. L'inoculation est réservée aux enfants : « [...] l'espace de préparation est un espace de séparation. Le jardin, lieu en dehors des mouvements et des agitations de la ville, accueille les petits inoculés. » Mais Worlock a d'abord pratiqué dans une maison à Paris, au Petit-Charonne [50]. Pourtant parmi ces trois moyens que sont la préparation et le suivi des inoculés, l'insertion légère, les pilules et les poudres spécifiques, Jacques-Joseph de Gardanne s'interroge sur ces dernières : « [...] ces poudres si vantées & si mystérieuses, ne sont qu'un tour de main pour donner de l'importance à la chose [...]. » Elles ne sont que l'occasion d'un profit mercantile, « faire payer bien cher ce qu'on peut obtenir à peu de frais » [51]. Certes O'Ryan refuse tout crédit à Worlock « qui, (peut-être sans le vouloir), fait plus de tort à la Méthode Suttonienne que tous ses autres adversaires les plus acharnés [52] » comme il refuse tout crédit aux divulgations de Gardanne [53]. Mais ce refus peut être intéressé puisque lui-même vient de conclure une convention de société avec Joseph Sutton, frère de Daniel, et qu'il lui faut se garder de rivaux possibles.

49 - Jacques-Joseph de Gardanne, *Le secret des Suttons dévoilé* (Paris : Ruault, 1774), 8-9.
50 - *Ibid.*, 6.
51 - *Ibid.*, 18.
52 - Michel O'Ryan, *L'excellence de la méthode suttonienne d'inoculer la petite vérole* (Avignon : s. n., 1776), 49, note (i). « [...] non-seulement le Sr. Worlock ignore la méthode Suttonienne, mais que dans l'état où il se trouve, il est incapable d'en être instruit, n'ayant pas une connaissance, même alphabétique, de la Médecine ni de la Chirurgie ; tandis qu'une profonde étude de l'une & de l'autre est nécessaire pour exercer avec succès & sans crainte l'inoculation de la petite vérole, de quelque façon qu'elle se fasse. » (*Ibid.*, 104.)
53 - *Ibid.*, 98.

« [...] vous qu'on dit être un si brave inoculateur, & l'intime ami de *M. Sutton* »

L'apostrophe est sans doute ironique sous la plume d'un adversaire d'O'Ryan[54], mais elle dit quelque chose de la renommée du médecin irlandais et de ses tribulations avec la célèbre famille anglaise. Les Sutton accordaient des franchises aux praticiens qui s'élevaient de 3 à 6 guinées par personne inoculée[55]. Or O'Ryan avait passé une convention avec Joseph Sutton le 13 avril 1776 aux termes de laquelle « le sieur Sutton s'engage[ait] & s'oblige[ait] de montrer & d'enseigner au sieur O-Ryan la composition, préparation & manière d'administrer les differens remedes & traitemens nécessaires dans l'inoculation, suivant sa méthode, vulgairement appelée Suttonienne, sans lui en rien céler ni déguiser[56] ». En contrepartie, O'Ryan avait l'obligation de tenir un registre des personnes inoculées – moins pour des raisons de santé que pour le calcul des indemnités à verser au détenteur du brevet. Enfin, O'Ryan avait composé un mémoire vantant *L'excellence de la méthode suttonienne*[57]. Ce livre donne des indications sur le procédé qu'il venait d'acquérir, et ces indications peuvent à leur tour être complétées par d'autres témoignages.

L'inoculation selon O'Ryan

Le texte de 1776 publié par O'Ryan donne quelques aperçus de la méthode suttonienne, du moins telle qu'O'Ryan l'entend. D'une part, celui-ci affirme l'utilité de la préparation des inoculés et la pertinence de la préparation : « [...] c'est sans aucun fondement qu'il [Pressavin] a avancé que les préparations Suttoniennes n'avoient aucune vertu [...][58]. » « Et pourquoi rougiroit-on de se servir des préparations, dont l'utilité est établie par les expériences les plus solides, & dont on s'est servi, avec le succès le plus étonnant, dans

54 - « [...] vous qu'on dit être un si brave inoculateur, & l'intime ami de *M. Sutton*, avec lequel vous êtes, dit-on, en grande discussion [...]. » (Jean Janin de Combe-Blanche, *Réponse au Discours de M. O-Rian* (Genève-Lyon : s. n., 1784), 10.)

55 - « *In a remarkable business model, they sold franchises of the Suttonian method to scores of practitioners across Britain and Europe. They charged rates for the procedure, usually between three and six guineas a head, inclusive of board and lodging, that they were beyond the reach of most people.* » (Michael Bennett, Inoculation of the poor against smallpox in eighteenth-century England, *in* Anne M. Scott (dir.), *Experiences of poverty in late medieval and early modern England and France* (Farnham, UK – Burlington, USA : Ashgate, 2012), 207.)

56 - Mozas, *op. cit. in* n. 16, 13.

57 - Le *Journal de médecine, chirurgie, pharmacie*, 46 (juillet 1776), 188, signale sa publication et annonce un compte-rendu qui semble n'avoir jamais paru.

58 - O'Ryan (1776), *op. cit. in* n. 52, 18.

tous les climats, avec quelque modification[59] ? » Le factum de Belot qui prend la défense d'O'Ryan dans ses démêlés avec Joseph Sutton insistera au contraire sur l'absence de procédés spécifiques[60]. D'autre part, O'Ryan compare les procédés antérieurs de l'insertion avec celui préconisé par les Sutton : il s'agit de déposer le pus entre l'épiderme et le derme[61] – ce qui évite la fièvre secondaire. Autre élément important retenu, le régime de vie aussi bien alimentaire (interdiction du lait et du sel) qu'hygiénique (le rôle de l'air, la propreté du linge, l'enlèvement des selles). Le texte de 1776 se poursuit sans indication sur l'auteur des recommandations : O'Ryan développe-t-il les thèses de Sutton ou les siennes propres quand il demande de s'abstenir du vin, du beurre, du fromage et du poisson salé[62] ? Apporte-t-il de son propre chef des modifications au procédé standard ? Par exemple, il conteste fortement l'intérêt des émétiques[63]. L'époque de la variole naturelle à laquelle il faudra prélever le pus et la quantité de pus à insérer dans le patient font l'objet du dernier point. O'Ryan conteste que le pus d'une vérole naturelle confluente (les pustules sont rapprochées) donne une vérole artificielle discrète (les pustules sont en faible nombre et elles sont éloignées).

L'inoculation suttonienne à l'œuvre

Comment O'Ryan procédait-il *effectivement* ? Ses *Dissertations sur les fièvres infectieuses* fournissent un témoignage rare : le pus doit

59 - O'Ryan (1776), *op. cit. in* n. 52, 23-24.

60 - « Mais on soutient que le *mistere*, le *dehors scientifique*, le *prétendu secret* de Joseph Sutton, pour guérir toute petite vérole naturelle, sont une pure illusion ; qu'il n'en fait pas plus qu'un autre en cette matiere, qu'il en fait même moins. » (Belot, *Mémoire pour Mr Michel O'Ryan* (S. l. [Paris] : L. Cellot, 1785), 30.)

61 - « L'expérience leur indiqua, qu'en déposant ce venin actif entre l'épiderme & le derme, il étoit repompé par les vaisseaux inhalants dans la masse du sang, & produisoit la maladie qu'on demandoit comme si on avoit fait une incision, sans rien causer toutefois dans la partie où l'on avoit fait l'insertion, que quelques boutons de la petite vérole qui desséchoient avec les autres, & sans être suivie d'aucun accident. » (O'Ryan (1776), *op. cit. in* n. 52, 30-31.)

62 - « Qu'ils s'abstiennent donc de l'usage de la viande, du vin, & de toutes les liqueurs spiritueuses, des aromates, & de tous les échauffants en général, lorsque la contagion est à craindre ; comme, par exemple, lorsque l'épidémie regne dans leur voisinage, & plus encore dans la famille ; je voudrois même que l'on portât la précaution jusqu'à se priver de l'usage du beurre, du fromage, du poisson salé, &c. que l'on se contentât pour toute nourriture, d'aliments farineux, de ris, de végétaux cuits, du fruit mûr cuit, &c. & que l'on eût soin de mêler dans la boisson le suc de citron, d'orange, du crème (*sic*) de tartre, ou quelqu'autre acide végétal, en quantité suffisante pour lui communiquer un goût agréablement acide : par ces précautions, qu'il faudroit proportionner au tempérament du sujet, l'on peut espérer qu'il aura une maladie favorable. » (*Ibid.*, 63-64.)

63 - *Ibid.*, 10-18, note (d).

être prélevé aux premiers jours de l'éruption ; il ne doit pas être conservé longtemps et il doit être à l'abri de l'air[64]. Jean-Baptiste Desgranges, maître ès arts, du collège de chirurgie à partir de 1779[65], fait état de certains détails de la pratique inoculatoire à l'occasion d'une communication à l'académie de Lyon en décembre 1780. Il pratique l'*insertion* en suivant la méthode des Sutton – sans qu'il déclare la suivre en tout point pour le conditionnement du pus variolique ou pour la préparation de l'enfant inoculé. Dans sa première observation, il relate le déroulement complet de l'inoculation : les parents d'un enfant de 4 ans et demi sollicitent l'inoculateur, et lui signalent un sujet porteur de la petite vérole naturelle après qu'ils ont pris eux-mêmes les informations sur son état de santé. L'inoculateur inspecte le sujet[66] ; il charge les lancettes du pus pris au visage ; il insère 8 jours plus tard le « virus variolique, selon la méthode des Suttons, après avoir humecté la lancette imprégnée avec les précautions d'usage[67] » – non sans s'être inquiété des constitutions et des tempéraments respectifs du donneur et du receveur. Suivent, au septième jour, des malaises, des coliques, de la fièvre pour lesquels le médecin prescrit un régime, des lavements puis des émétiques et des laxatifs : « [...] la petite vérole parcourut ses périodes ordinaires de la manière la plus heureuse[68]. » Le témoignage d'une autre observation, faite celle-ci par M. Vermandois, confirme la collecte du pus variolique : « Il cherchoit du pus variolique, lorsqu'il apprit qu'un enfant du peuple, âgé de deux ans, dont il connoissoit les parens pour gens sains et bien constitués, avoit la petite vérole. Elle étoit d'espèce discrette, et les boutons, de bonne qualité, étoient en pleine suppuration[69]. » Après examen de l'enfant, « il n'hésita pas à charger ses lancettes, et alla de suite inoculer (par la méthode de la *piqûre*) un enfant de trois ans, bien portant, et

64 - Michel O'Ryan, *Dissertations sur les fièvres infectieuses* (Lyon : Impr. de la ville, 1785), 47-48.

65 - *Almanach astronomique et historique de la ville de Lyon et des Provinces de Lyonnois, Forez et Beaujolois pour l'Année Bissextile 1780* (Lyon : Aimé de La Roche), 179.

66 - « Cet enfant etoit du sexe masculin et de l'âge de six ans. Il me parut sain, d'un tempérament flegmatique. Vû le bon état du petit malade, et prévenu par les renseignemens avantageux qu'en avoient reçu les parens, je bornai là mon ministère. » (Jean-Baptiste Desgranges, Observations pratiques, Sur le danger d'inoculer, avec la petite vérole, d'autres maladies, *Journal de médecine*, LXXXIII (juin 1790), 388.) Le texte de la communication, consultable à l'académie des sciences, belles lettres et arts de Lyon [ASBLA] (Ms 262, f. 60-72), présente de légères différences.

67 - *Ibid.*, 388.

68 - *Ibid.*, 389.

69 - *Ibid.*, 391.

convenablement préparé[70] ». La collecte se fait donc auprès d'enfants porteurs de la petite vérole naturelle : rien n'indique une contrepartie (dédommagement, prise en charge de la maladie) ou une convention avec les parents. Le témoignage ne donne pas de précisions sur le conditionnement du pus pendant les 8 jours qui suivent son prélèvement (modifications apportées par le médecin, lieux et conditions de stockage) ou sur le sort ultérieur des lancettes après usage (lavage, destruction). Le lieu de l'inoculation (domicile, dans la ville, hors la ville), les honoraires ne sont pas davantage détaillés.

Le procédé suttonien n'est pas seulement une prestation de santé ; il manifeste aussi l'exercice d'un pouvoir social. Le pus des enfants plus pauvres protège et sauve les enfants plus fortunés. Non sans surprise, « je retournai chez les parens de l'enfans qui m'avoit fourni la matière variolieuse. J'appris alors avec étonnement que ce dernier avoit éprouvé une diarrhée pendant vingt jours[71] » – ce qui, aux yeux de Desgranges, explique les désordres organiques de l'enfant inoculé avec ce pus.

De l'identification des dangers à l'invention des risques sanitaires : L'écriture de l'inoculation

Le procédé suttonien a relancé la pratique de l'inoculation en Angleterre. Dans une parodie du procès qui fut réellement intenté à Daniel Sutton, le révérend Robert Houlton dépose qu'en trois ans 20 000 personnes ont été inoculées par Sutton ou ses assistants. À la question de la cour : « *How many of this number have died in consequence of inoculation ?* », Houlton répond : « *Not one*[72]. » Le procédé apparaît sûr. En Angleterre, l'inoculation est alors si peu perçue comme un danger, sanitaire ou social, que des journaux publient des encarts publicitaires, tel par exemple le *Newcastle Chronicle* : « *Joseph Gilpin, Surgeon, who is in Partnership with Mr Joseph Sutton, is now at Carlisle, inoculates for the Small-Pox after Mr Sutton's Method, and administers his Medicines* » (annonce faite le 13 juin 1767 et le 20 juin 1767). Parce que l'inoculation transmet la maladie même dont on veut se prémunir, elle impose une évaluation quantitative et elle annonce une « politique de santé » :

70 - Desgranges, *op. cit. in* n. 66, 392.
71 - *Ibid.*, 390.
72 - Daniel Sutton, *The Tryal of Mr. Daniel Sutton* (Londres : S. Bladon, 1767), 6.

« [...] faut-il donner la priorité au bien public ou à la valeur de la vie humaine[73] ? »

L'*Encyclopédie méthodique, chirurgie* (1790) présente l'inoculation comme un « préservatif à-peu-près sûr & universel contre ses ravages [de la petite vérole][74] ». La « méthode aujourd'hui généralement adoptée, & la meilleure sans doute à tous égards[75] » semble bien être le procédé des Sutton. Louis-Charles-Henri Macquart dans l'*Encyclopédie méthodique, médecine* (1798) ne voit plus d'obstacle à l'inoculation : « L'inoculation est bien décidément le meilleur moyen de conserver à la société une foule d'individus précieux à l'Etat [...][76]. » La partie principale du texte, imprimé en 1798, résume le *Traité pratique de l'inoculation* de Pierre-Louis Gandoger de Foigny (1768, 1re éd.). La seule limite que trouve le *Dictionnaire portatif de médecine* de Jean-François Lavoisien (édition de 1793) à l'inoculation est de nature morale : pourquoi inoculer une maladie très dangereuse, et à laquelle de surcroît le sujet aurait pu n'être jamais exposé de toute sa vie[77] ? La difficulté consiste à « justifier » qu'on y recoure, non à s'assurer de l'absence de danger.

Les dangers

O'Ryan le déclare lui-même dans son « Projet d'Etablissement d'un hôpital d'Inoculation de la petite vérole à Lyon » : « Il existait encore en France, il y a quinze à dix-huit ans des préventions assez générales contre l'inoculation de la petite vérole, et la pratique de cet art y étoit fort imparfaite[78]. » Il ajoute : « [...] le Concours habituel et nombreux des habitants de la bourgogne, de la Provence, du Dauphiné et de toutes les provinces circonvoisines, qui viennent se soumettre eux-mêmes, ou leurs Epouses, ou leurs Enfans, à l'inoculation de la petite Vérole, sous mes

73 - Stéphane Frioux, Patrick Fournier, Sophie Chauveau, *Hygiène et santé en Europe* (S. l. : Sedes, 2012), 25.

74 - Daniel de La Roche, Philippe Petit-Radel, *Encyclopédie méthodique, chirurgie* (Paris : Panckoucke, 1790), t. I, 699.

75 - *Ibid.*, 700.

76 - Félix Vicq-d'Azyr, *Encyclopédie méthodique, médecine, par une société de médecins* (Paris : Vve Agasse, 1798), t. 13, 599.

77 - « Bien des Médecins & des Casuistes pensent qu'elle est tout-à-fait contraire au Christianisme, & que la pétite vérole procurée par l'*inoculation*, étant toujours une maladie très-dangereuse, il paroît difficile de justifier entièrement une méthode qui la procure souvent à des personnes qui en auroient été exemptes toute la vie sans elle. » (Jean-François Lavoisien, *Dictionnaire portatif de médecine* (Paris : Théophile Barrois, 1793), 342.)

78 - Michel O'Ryan, « Projet d'Etablissement d'un hôpital d'Inoculation de la petite vérole à Lyon » (Lyon, 1790), f. 1. (ADR 1 L 531.)

yeux, sont des Surs garants de l'utilité confirmée de cette pratique, et de la certitude du procédé que Je mets en usage[79]. » Le propos montre la banalité de cette intervention, et vante les avantages et les mérites du procédé utilisé par le médecin irlandais. Pour justifier sa demande de création d'un hôpital d'inoculation, il soutient : « Ainsi, le moment est venu enfin où l'on peut se promettre à coup sûr de prévenir les Epidémies[80]. »

Dans les *Dissertations sur les fièvres infectieuses* (1785), O'Ryan rapporte que la maison où il inoculait était éloignée[81] mais ce texte ne dit pas si la mesure était volontaire[82]. L'éloignement est imposé comme une mesure sociale et politique ; il n'est pas une nécessité sanitaire. D'autant que le texte ajoute que « la sphere d'activité du miasme variolique est très-limité[83] ». La suite du texte présente une expérience à deux bras. Des enfants dont les parents refusent qu'ils soient inoculés sont mis, les uns, pendant huit jours en présence d'un coton imbibé de matière variolique posé sur une table autour de laquelle ils sont assis, et cela à raison d'une heure trois fois par jour, tandis que les autres sont mis en présence d'une personne atteinte d'une fièvre éruptive, et cela à raison d'une heure par jour pendant quinze jours. Les six premiers enfants ne contractent une petite vérole naturelle que neuf mois après ; pas un des quatre derniers ne la contracte. Et O'Ryan de conclure : « [...] quelque dangereuse que puisse être cette maladie, on ne court aucun risque de la contracter, pourvu qu'on se tienne à une très-petite distance des personnes qui en sont atteintes, ou des choses qu'elles ont touchées[84]. » Comparant la variole et la dysenterie, il montre que le contact sur la peau ne suffit pas : « [...] mais si on dépose cette matière dans la plus légère piquure qu'on puisse faire sur la peau, elle produira son effet malgré le tempérament & l'âge, pourvu qu'on n'ait pas eu cette maladie auparavant[85]. »

79 - O'Ryan, *op. cit. in* n. 78, f. 2.
80 - *Ibid.*
81 - « Il se présentoit dans une maison que j'avois établi hors de cette ville, pour l'inoculation [...]. » (O'Ryan (1785), *op. cit. in* n. 64, 38.)
82 - Belot présente une autre version dans son *Mémoire* (*op. cit. in* n. 60, 26) : « Tout à coup le Sieur Sutton l'entraîne à changer de logement à la Ville, à faire un établissement cher & coûteux aux environs [...]. » La suite de la phrase, qui évoque des dépenses en remèdes, laisse penser qu'il s'agit du lieu d'inoculation.
83 - O'Ryan (1785), *op. cit. in* n. 64, 37.
84 - *Ibid.*, 38.
85 - *Ibid.*, 47.

La perception des dangers : La police et le collège de médecine

La surveillance de l'innocuité des remèdes et des procédés relatifs à la santé dépendait de deux sortes d'instances : la police et les collèges qui réunissaient les gens de métiers (médecine, chirugie). Signée par Antoine-François Prost de Royer, l'ordonnance de police du 20 février 1779, l'année même de la condamnation pour inoculation intempestive, donne quelques éclaircissements sur la démarche de surveillance sanitaire.

Il y est question de la commercialisation d'un alun préparé pour le vin et destiné à la vente. Le lieutenant de police ordonne l'examen par le collège de médecine. Les experts de celui-ci analysent la substance dissoute et concluent à la falsification du produit – il contient aussi de la brique pulvérisée et tamisée. Le collège réaffirme ensuite l'exclusivité de la prérogative : « [...] *toutes les compositions relatives aux médicaments ne doivent être confiées qu'aux Apothicaires* [...] [86]. » En s'appuyant sur les textes faisant autorité (règlements des commissaires généraux de la police de Lyon de 1573 et 1640, repris en 1653 et 1661), le lieutenant général de police rend alors un décret dont l'article XII réaffirme l'article VII de l'édit de juillet 1682 sur l'emploi de l'arsenic, du réagal, de l'orpiment et du sublimé. Si ces éléments entrent dans des compositions nécessaires, ils ne doivent être vendus que par des marchands résidant en ville, qu'auprès des médecins, apothicaires, chirurgiens, qui auront inscrit leur nom sur un registre particulier[87]. L'article XIII rappelle les termes du même édit qui impose aux médecins approuvés, aux professeurs en chimie, aux maîtres apothicaires d'obtenir la permission par lettres du grand sceau d'avoir un laboratoire. L'article XIV redéfinit les conditions de l'exercice des professions médicales[88]. Parmi ces conditions, il faut être agrégé au collège de médecine de la ville où l'on exerce. Le contrôle se fait par les pairs. Le même article XIV se penche particulièrement sur les « Spécifiques, Baumes & Remèdes ». Le lieutenant général de police interdit à toute personne qui ne serait ni médecin, ni chirurgien, ni apothicaire « de vendre, ni distribuer, même gratuitement, aucuns remedes internes ou externes, specifiques, topiques, orviétan,

86 - *Ordonnance de police...*, 20 février 1779, 1 (consultable à la BM Lyon, cote 111 953).

87 - *Ibid.*, 8-9.

88 - Elles étaient définies par l'édit de mars 1707, l'arrêt du 29 mars 1596, les lettres patentes du 6 juillet 1675.

antidote, baume, élixir & autres[89] » à moins d'avoir reçu une permission *ad hoc* par un brevet de la Société royale de médecine, et par permission du même lieutenant général de police. Les commissaires de police sont autorisés à faire les visites, recherches et perquisitions nécessaires.

Il apparaît donc que le contrôle des produits de santé se faisait par les pairs, commis ou non par la police, et par les commissaires de police eux-mêmes.

Perception des dangers : Statut des remèdes

L'« Arrêt du Conseil d'Etat du Roi » (15 octobre 1728) prévoit la désignation de personnalités pour « ensemble faire l'analyse & tel autre examen desdits Remédes qu'ils jugeront nécessaires, & donner leur avis en conformité[90] ». Les membres commis devaient « examiner les Brevets, Permissions & Priviléges accordés pour la distribution des Remedes, Specifiques & autres » (*ibid.*). Les considérations de l'« Arrêt du Conseil d'Etat du Roi du 17. Mars 1731. concernant la Discipline ET la Police des Trois Corps de la Médecine » entendent « prévenir les dangereux inconvéniens de la distribution d'un nombre considérable de Remèdes appellés Spécifiques & autres[91] ». Trois points sont notables : l'intérêt porté à la *santé des sujets* ; le contrôle des remèdes qui porte sur leur nature et sur leur diffusion ; la concertation des corps de santé, sous la houlette du premier médecin du roi. Ce dernier point est particulièrement original : une commission composée de personnes « les plus capables » parmi les médecins, chirurgiens et apothicaires, est chargée de s'assurer de l'innocuité des remèdes. En vertu de l'article Ier, les « Remédes particuliers » se verront attribuer des « brevets » mais seulement « après avoir été examinés à la Commission[92] ». Cette dernière devra signer la délibération, et elle spécifiera les circonstances de l'emploi de ces remèdes. La décision est donc collégiale ; la commission se prononce sur la vertu du remède. Les « Brevets & Priviléges » ne pourront être accordés que pour une durée de trois ans, passé laquelle il faudra fournir « les

89 - *Ordonnance de police...*, 20 février 1779, 9. Il fait référence aux arrêts du Conseil des 17 mars 1731 et 10 septembre 1754, à la déclaration du 25 avril 1772, et aux lettres patentes du 29 août 1778.

90 - Edme de La Poix de Fréminville, *Dictionnaire ou Traité de la police générale* (Paris : Gissey, 1758), 376.

91 - *Ibid.*, 370.

92 - *Ibid.*, 371.

Certificats donnés par les Médecins & Chirurgiens des lieux où lesdits Remédes auront été employés » (art. II). Des copies des brevets et des privilèges seront adressées aux doyens des facultés de médecine (art. V). La commission entendra les observations des médecins lorsque surviendront des maladies épidémiques ou extraordinaires dans Paris. Les médecins et chirurgiens de province, en pareilles circonstances, enverront un récit « & du tout en sera tenu Registre, dans lequel sera fait mention du progrès & de l'issue de la maladie ou desdits cas extraordinaires » (art. VI). Un observatoire de surveillance serait ici institué avec une commission centralisant toutes les informations. La commission est chargée de régler les différends entre les trois « Professions des Médecins, Chirurgiens & Apothicaires[93] » (art. VIII) : elle exerce un rôle disciplinaire, mais en cherchant l'accord et sans rendre autre chose qu'un « avis ». Selon l'« Arrêt qui établit les précautions qui doivent être observées dans la composition ET le debit des remedes, pour n'en avoir que de bons ET utiles à la santé » (3 août 1536), deux médecins et quatre apothicaires seront mandatés pour « faire visitation des drogues, tant simples que composées ». Ils « feront rapport bon & loyal sans acceptation de personnes, & sans dissimulation, des drogues bonnes ou mauvaises, simples ou composées, & autres choses qu'ils auront trouvées ès maisons & boutiques des Apotiquaires & Epiciers »[94]. Cette visite de contrôle a lieu deux fois par an, et quant aux remèdes « de nul effet & vertu, & non employables en compositions, [*ils devront*] être brûlées publiquement, s'ils voyent que faire se doive ».

L'écriture du risque : L'inoculation[95]

En 1796, Jenner trouve le procédé de la vaccination[96]. En cette même année, Sutton publie *The inoculator, or Suttonian system of inoculation*. Le regard sur l'inoculation va changer : de méthode dangereuse et à proscrire, elle va être présentée comme une méthode acceptable voire comme une méthode sûre. Comment, au fil de l'écriture, la perception des risques se déplace-t-elle ? Une lettre du ministre de l'Intérieur aux préfets des départements (6 prai-

93 - La Poix de Fréminville, *op. cit. in* n. 90, 372.

94 - Nicolas de La Mare, *Traité de la police* (Paris : Brunet, 1722), t. I, 625.

95 - Par « écriture du risque », s'entendent deux considérations : comment le risque de l'inoculation est-il perçu à travers ce que les sources font connaître ? Comment le risque de l'inoculation est-il scénarisé dans l'écriture des sources conservées ?

96 - L'inoculation est un procédé préventif de la variole chez l'homme qui consiste à insérer du pus variolique prélevé chez un autre être humain ; la vaccination, elle, est un procédé préventif de la variole chez l'homme consistant à insérer de la vaccine prise chez la vache malade. Le procédé de Jenner est à l'origine des vaccinations.

rial, an XI) encourage les dignitaires à propager la vaccination, « bienfait pour l'humanité » et « seule ressource que la médecine pût opposer à ce redoutable fléau [la petite vérole] » [97]. L'an XII marque l'entrée irréversible dans l'ère nouvelle de la vaccination : « [...] la Vaccine réunit tous les avantages de la pratique de l'inoculation, sans présenter aucun de ses inconvéniens [...] [98]. »

En 1800, peu après la découverte de la vaccination, Augustin Domenjon, ancien chirurgien du grand hôtel-Dieu de Lyon, écrit : « Ainsi l'établissement de l'Inoculation sera-t-il toujours une époque mémorable dans l'histoire de la médecine et de la philosophie [...] [99]. » Il avance deux raisons. L'inoculation « nous a accoutumés à nous exposer à un petit danger pour nous soustraire à un plus grand » ; elle a préparé les esprits au calcul des probabilités. Selon Domenjon, la découverte de l'inoculation est la conclusion d'un raisonnement conduit par des gens du peuple à l'occasion de diverses observations. Entre lesquelles : peu d'êtres humains sont exempts de la petite vérole ; la maladie est moins dangereuse quand elle est sporadique ; il n'existe pas de cas de récidive ; la maladie est contagieuse. La conséquence s'ensuit : « Il seroit donc avantageux de mettre à profit la faculté contagieuse qu'elle a, pour la donner sporadiquement, dans les circonstances les plus favorables, délivrer le malade d'une crainte continuelle fondée sur une presque certitude morale, et le mettre à l'abri de l'influence des épidémies meurtrières [100]. » Domenjon fait la part belle au bon sens qui a su corréler la quantité de pus inoculé et le risque encouru [101], mais

97 - « L'inoculation était la seule ressource que la médecine pût opposer à ce redoutable fléau. Cette méthode, introduite en France depuis plus de cinquante ans, était, avec raison, considérée comme un bienfait pour l'humanité, puisqu'elle diminuait de beaucoup la mortalité ; mais comme elle est encore accompagnée de quelques dangers, on ne la pratiquait avec une certaine étendue que dans les villes, et on ne serait parvenu qu'avec une peine extrême à la faire adopter généralement. » (*Le Ministre de l'Intérieur, Aux Préfets des départemens* (S. l. [Paris] : S. n., 6 prairial, an XI), 1.)

98 - Jean-Xavier Bureau de Pusy, *Circulaire. Le Préfet du Département du Rhône, Au Maire de la Commune...* (S. l. [Lyon] : S. n., 29 vendémiaire, an XII), 1 (ADR 5 M 214).

99 - Augustin Domenjon, *Réflexions historiques sur la petite-vérole et sur son inoculation* (Montpellier : Izar, Ricard, an IX), 5 (AML HA 1010).

100 - *Ibid.*, 20-21.

101 - « Par exemple, lorsqu'une maladie se transmet par contagion, il est vraisemblable que son intensité sera en raison de la quantité de matière contagieuse qui sera reçue par le corps sain. Ceci ne pouvoit être qu'une conjecture, il est vrai, pour la Petite-Vérole, avant l'établissement de l'Inoculation ; mais elle étoit bien probable. Elle est devenue une vérité presque prouvée depuis qu'on a vu que le danger de la Petite-Vérole Inoculée étoit en rapport avec la quantité de virus introduit, et qu'on a été obligé d'abandonner certaines méthodes d'insertion [...]. » (*Ibid.*, 22-23.)

aussi au calcul savant de Charles-Marie de La Condamine sur le nécrologe de Londres[102]. Quoique contemporain de la découverte de la vaccine[103], il n'en donne pas moins des règles à tenir pour inoculer : « [...] il seroit déraisonnable de priver d'une ressource salutaire ceux qui ont le plus à craindre de la Petite-Vérole naturelle[104]. »

Au fil du temps, et avec l'affirmation triomphante de la vaccination, l'inoculation va consolider son statut pourtant récent de préservatif sûr. Dans l'article « L'intérêt public commande-t-il d'inoculer dans les villes ? », *Le Conservateur de la santé* (10 fructidor an VII) revient sur l'arrêt du parlement de Paris et sur le jugement du 9 mai 1778 de la sénéchaussée de Lyon : « Ainsi, quinze ans après l'émission de l'arrêt du parlement, la sénéchaussée de Lyon rivalise de stupidité avec le parlement de Paris ; et le 9 mai 1778, elle rend un jugement par lequel elle défend *à tout médecins, chirurgiens et autres pratiquant l'inoculation, de l'exercer dans l'intérieur de la ville, sous peine d'etre condamnés à l'amende*[105]. » *Selon les Tableaux historiques de la vaccine* (1810), l'inoculation « sacrifiait beaucoup moins de victimes, à la vérité » que la petite vérole naturelle, mais sans parvenir à éteindre le principe de la maladie[106].

Davantage encore, au début du XIXe siècle, les pratiques inoculatoires et vaccinatoires semblent coexister. Le pensionnat de l'enfance de la Croix-Rousse dresse la liste des élèves selon leur état de santé. Sur les 57 enfants, 28 ont eu la petite vérole, 25 ont été vaccinés, 3 ont été inoculés, 1 nom reste non renseigné (18 janvier 1811)[107]. De même, dans une lettre adressée à « Monsieur le Recteur » datée du 25 novembre 1810, le directeur d'une institution écrit : « [...] il n'en est aucun ici qui n'ait été vacciné, ou inoculé, ou qui n'ait eu la petite vérole naturellement[108]. » Le pensionnat

102 - « Il profita des tables nécrologiques publiées par le docteur Jurin, pour comparer les probabilités de mort que présentoient respectivement la Petite-Vérole naturelle et l'inoculée. » (Domenjon, *op. cit. in* n. 99, 28-29.)

103 - « Il y a environ trois ans que le hasard a fourni à un médecin Anglais, l'occasion de faire une découverte qui nous flatte de l'espérance de voir l'Inoculation de la Petite-Vérole devenir inutile. » (*Ibid.*, 36.)

104 - *Ibid.*, 42.

105 - *Le Conservateur de la santé,* 10 fructidor an VII, n° 19, 148.

106 - « Cependant la petite vérole inoculée était encore la petite vérole. Elle était cette même maladie, quelquefois meurtrière et toujours contagieuse, qui sacrifiait beaucoup moins de victimes, à la vérité, mais à laquelle il manquait la propriété essentielle d'anéantir parmi nous le germe toujours actif de cet horrible fléau. » (Pierre Brion, François-Philippe Bellay, *Tableaux historiques de la vaccine* (Lyon : Ballanche, 1810), 7.)

107 - ADR 1 T 129.

108 - *Ibid.*

Teillard compte 18 enfants, dont 10 ont eu la petite vérole, 7 ont été vaccinés, 2 ont été inoculés (6 décembre 1810)[109]. Ainsi, même à faible échelle, l'inoculation a perduré alors même que la vaccination était devenue la pratique de référence.

* * *

Par un mouvement rétrospectif et au moment de disparaître, le procédé rendu caduc par l'avènement d'un procédé fiable trouve en revanche le crédit qui lui a été refusé naguère. Il ne s'agit pas d'un mouvement rétrograde du vrai puisque la vaccination et l'inoculation sont contraires dans l'esprit : celle-ci donne la maladie pour ne plus l'avoir ; celle-là donne une autre maladie. La vaccination ne peut pas trouver dans l'inoculation un paradigme *sanitaire* qui la fonde ; en revanche, elle trouve dans celle-ci un paradigme *comportemental* : accepter le risque pour soi et cela afin d'en prémunir les autres. Ce transfert de paradigme réussit : le retrait des doutes théologiques et moraux sur la pratique inoculatoire le montre. De quel droit mettre en jeu la vie, la sienne ou celle de ses proches ? Emmanuel Kant (*Doctrine de la Vertu*, I, I, § 6) est l'un des derniers à poser une telle question casuistique. L'indice le plus sûr de la réussite de la vaccination se trouve dans le retournement du cas de conscience : il ne s'agit plus d'examiner s'il est légitime d'exposer sa vie pour prévenir un mal ; il s'agit d'examiner s'il est légitime d'éviter de s'exposer à la prévention d'un mal[110]. Des curés se font vacciner et ils pratiquent la vaccination que le curé de Beurre « regarde comme un don de Dieu ». Il ajoute : « [...] et je crois [...] tous les pères e mères de famille obligés en conscience d'y soumettre leurs enfans[111]. » Ce transfert de paradigme rend compte de la progressive construction de la représentation du risque. En ces-

109 - ADR 1 T 129.

110 - « Dans un fort bon rapport fait à M. le Préfet du Cantal, par M. *Parra*, secrétaire du comité d'Aurillac, nous avons remarqué que plusieurs ecclésiastiques, convaincus qu'il n'était plus permis à un père de famille de priver ses enfants d'un bienfait aussi généralement reconnu que celui de la vaccine, avaient fait du refus de la vaccination un cas de conscience à leurs paroissiens : ces vénérables pasteurs, ajoute M. Parra, jouissent déjà de la satisfaction d'avoir prévenu bien des malheurs et arrêté bien des larmes. » (*Séance générale de la Société Centrale établie pour l'extinction de la petite Vérole en France, par la propagation de la Vaccine* (Paris : Imprimerie impériale, 1806), 26 – ADR 5 M 214.)

111 - Henri-Marie Husson, *Rapport sur les vaccinations pratiquées en France en 1806 et 1807* (Paris : Imprimerie impériale, 1809), 31, n. 1 (AML HA 955).

sant d'être une question morale privée, la pratique inoculatoire devient une question sociale et une question de morale publique.

Dans le cas de notre étude, il ressort que le risque sanitaire apparaît quand la considération de sécurité publique n'a plus l'exclusivité du jugement : il n'en va pas seulement de la limitation de la liberté individuelle et des chevauchements entre les libertés individuelles et la sécurité publique. Le risque sanitaire apparaît quand l'ordre social ne peut pas, ou ne sait pas – par manque de recul, manque de comparaison, manque de paradigme interprétatif – *agencer* une technique nouvelle de santé. Bien que la validité thérapeutique de l'inoculation ait été reconnue, le rôle des personnes impliquées (les agents) comme la mise en œuvre de l'inoculation (les dispositifs) n'ont jamais été assignés. En ce sens l'acceptation d'un risque de santé consisterait à expliciter les agencements (agents et dispositifs) mobilisés. Dans le cas d'espèce de l'inoculation, le risque est accepté quand les institutions endossent la tâche du contrôle : le jugement de 1779 contribue à renforcer l'acceptation en donnant à chacun l'assurance que l'inoculation n'est plus une initiative singulière et privée.

Compétition, controverses et cultures de microbes : Le développement du sérum antipesteux entre Paris et l'Inde (1894-1899)

Matheus ALVES DUARTE DA SILVA *

Résumé : La capacité de préparer des sérums et des vaccins capables de guérir ou d'immuniser les êtres humains était affichée par les bactériologistes de la fin du XIXe siècle comme l'un des principaux acquis de la « révolution microbienne ». Toutefois, les difficultés rencontrées pour développer un produit thérapeutique allongeaient le chemin conduisant de sa conception à la standardisation et utilisation à grande échelle. Ce décalage est bien illustré par l'analyse de la trajectoire du sérum antipesteux, conçu entre 1894 et 1895 à l'Institut Pasteur. La difficulté majeure ayant ralenti sa standardisation tient à des essais pratiqués en Inde – et non en France – lors des épidémies de peste bubonique de 1897 et 1898. L'analyse des lettres et des cahiers de terrain des deux chercheurs responsables des essais, Alexandre Yersin et Paul Simond, révèle leurs stratégies et les relations qu'ils durent nouer avec les acteurs locaux pour parvenir à leurs fins. Elle dévoile également la compétition et les controverses inévitables ayant opposé Yersin et Simond à d'autres chercheurs européens désireux de tester leurs propres produits en Inde.

Mots-clés : microbiologie ; sérothérapie ; Institut Pasteur ; peste bubonique.

Summary : *The capacity of preparing serums and vaccines that were able to cure or to immunize people was presented by the bacteriologists of the end of the 19th century as one of the most important achievements of the « microbiological revolution ». However, the difficulties encountered during the development of a therapeutic product elongated the path between the conception of such a product and its standardization and utilization in large scale. This discrepancy between speech and reality can be illustrated by the analysis of the trajectory of the antiplague serum, conceived between 1894 and 1895 at the Pasteur Institute. The greatest difficulty that slowed down its stabilization was the fact that it was tested in India, and not in France, during the epidemics of the bubonic plague of 1897 and 1898. The analysis of letters and notebooks belonging to the two researchers responsible for the essays, Alexandre Yersin and Paul*

* Matheus Alves Duarte da Silva, Centre Alexandre-Koyré (UMR 8560, EHESS–CNRS–MNHN), 27, rue Damesme, 75013 Paris.
E-mail : matheus.duarte@ehess.fr

Simond, reveals their strategies and the relationships that they had to develop with the local actors to achieve their goals. It also unravels the inevitable competition and controversies opposing Yersin and Simond to other European researchers who were in India to test their own products against the plague.

Keywords : *microbiology ; antiserum ; Pasteur Institute ; bubonic plague.*

Introduction

Le 5 mars 1897, Alexandre Yersin (1863-1943), médecin né en Suisse, formé à l'université de Paris et récemment nommé directeur de l'institut Pasteur de Nha-Trang, en Indochine [1], arrivait à Bombay [2]. Dans la gare, certains compatriotes et autorités municipales l'attendaient, persuadés qu'il allait sauver les habitants de la ville de la peste bubonique [3]. Une épidémie de cette maladie sévissait dans la localité depuis septembre 1896 et fauchait presque cent âmes chaque jour [4]. L'espoir se trouvait matérialisé par un objet que Yersin transportait dans sa valise : le sérum antipesteux [5].

Au cours de tests avec le produit, menés en Inde par Yersin, puis par Paul-Louis Simond (1858-1947) dans les mois suivants, plusieurs histoires se croisèrent. D'abord, les récents travaux en Europe sur la microbiologie, le développement des techniques de production de sérums et de vaccins et l'espoir suscité par une nouvelle discipline : la sérothérapie. Ensuite, la souffrance des malades, la peur de la peste, l'impuissance devant l'épidémie. Enfin, la nécessité de s'immerger dans une société méconnue en utilisant un sérum imparfait et de gérer des concurrences et des controverses avec d'autres chercheurs européens désireux d'essayer leurs propres produits, comme Alessandro Lustig (1857-1937) et Waldemar Haffkine (1860-1930).

1 - Jacqueline Brossolet et Henri Mollaret, *Alexandre Yersin (1863-1943) : Un pasteurien en Indochine* (Paris : Belin, 1993).

2 - Alexandre Yersin, « Lettre à Fanny Yersin » [mère d'A. Yersin], 6 mars 1897 (Archives de l'Institut Pasteur [désormais AIP], fonds IP d'Indochine, pièce 282).

3 - Joseph Pilinski, « Lettre au Ministre des Affaires étrangères », 6 mars 1897 (AIP, fonds Pilinski [Joseph-Constantin]).

4 - James Condon, *The Bombay plague, being a history of the progress of plague in the Bombay Presidency from September 1896 to June 1899* (Bombay : Education Society, 1900).

5 - Balchandra Krishna, *Mr Haffkine's plague prophylactic inoculation* (Bombay : Clifford & Co., 1898), 1.

Les épidémies de peste, notamment à Bombay, à la fin du XIXe siècle, ont déjà été analysées dans d'autres travaux historiographiques. Ainsi, Ira Klein [6] s'est intéressé aux raisons politiques, sociales et environnementales qui permirent à la maladie de tuer, de manière surprenante, davantage en Inde qu'en aucune autre partie du monde, ainsi qu'aux mesures prises par le gouvernement anglais pour faire face au fléau – évacuations des villes, confinements forcés, désinfections – suscitant des conflits entre la population et l'État. À la suite de Klein, David Arnold [7] a interprété les mesures mises en place par l'État colonial, avec l'appui de la médecine européenne, comme une invasion corporelle finale des sujets colonisés. Projit Mukharji [8], dans un dialogue assumé avec Arnold, a considéré l'épidémie dans la région du Bengale, en particulier à Calcutta, non seulement dans le cadre d'une opposition entre État et société, mais aussi comme un moment pour la « vernacularisation » de la médecine « occidentale » par l'action des *daktars* – médecins indiens pratiquant la médecine européenne. De son côté, Mark Harrison [9] a analysé comment l'épidémie de peste en Inde favorisa les projets des jeunes médecins de l'Indian Medical Service : en effet, ceux-ci désiraient changer la structure de l'institution et réaliser des réformes sanitaires dans la colonie.

Les travaux cités décrivent l'atmosphère conflictuelle suscitée par l'arrivée de la peste, que Yersin et Simond trouvèrent en Inde. Toutefois, nous ne nous intéresserons pas à la maladie en tant que telle, ni aux actions émanant du gouvernement colonial en Inde pour la contrôler. Notre principal objectif sera d'analyser le développement du sérum antipesteux et surtout le rôle joué par les expériences réalisées en Inde dans ce processus.

L'essai de différents sérums en Inde a déjà été étudié par Pratik Chakrabarti qui a interprété Bombay comme un immense « théâtre » pour l'expérimentation de sérums et de vaccins

6 - Ira Klein, Plague, policy and popular unrest in British India, *Modern Asian studies*, 22 (1988), 723-755.

7 - David Arnold, *Colonizing the body : State medicine and epidemic disease in nineteenth-century India* (Los Angeles : University of California Press, 1993).

8 - Projit Bihari Mukharji, *Nationalizing the body : The body market, print and daktari medicine* (Londres : Anthem South Asian, 2011).

9 - Mark Harrison, *Public health in British India : Anglo-Indian preventive medicine 1859-1914* (Cambridge : Cambridge University Press, 1994) ; Id., *Contagion : How commerce has spread disease* (New Haven – Londres : Yale University Press, 2012).

contre la peste bubonique. Le but de son analyse était de comprendre comment l'épidémie fut une occasion, parmi d'autres, d'institutionnaliser la bactériologie dans le pays [10]. Pour ce faire, il a examiné les travaux statistiques de Nasarwanji Choksy (1861-1939), médecin indien et directeur de l'hôpital Arthur-Road, où les malades de la peste étaient internés. Toutefois, les articles de Choksy sur la comparaison des sérums ont été publiés dans les années 1900, après la mission française. Notre analyse porte sur une période antérieure, les années 1897 et 1898, moment où des chercheurs étrangers, comme Yersin et Lustig, sont restés en Inde pour tester leurs produits et ont interagi entre eux et avec les acteurs de la société locale.

Ainsi, pour comprendre l'histoire du développement du sérum antipesteux de l'Institut Pasteur, nous présenterons, d'abord, sa préparation, entre 1894 et 1895, à Paris, et les premiers essais sur les humains, conduits en Chine en 1896. Puis, à l'appui des lettres, des cahiers de terrain et des articles scientifiques de Yersin et Simond, nous discuterons les points suivants : leur mission en Inde, les essais avec les différents sérums et comment la recherche sur la sérothérapie de la peste bubonique a évolué à l'Institut Pasteur à partir du dialogue établi avec les chercheurs en Inde. Enfin, en mettant en résonance les sources produites par Yersin et Simond avec celles du chercheur russe Waldemar Haffkine – qui développa un vaccin contre la peste bubonique [11] – et des Italiens Alessandro Lustig et Gino Galeotti (1867-1921) – qui créèrent un sérum concurrent et l'essayèrent, eux aussi, à Bombay [12] –, nous analyserons les controverses survenues du fait de la rencontre de ces personnages en Inde.

Les débuts de la sérothérapie antipesteuse (1894-1897)

Dans la deuxième moitié du XIXe siècle, une nouvelle façon d'expliquer les origines des maladies émergea avec les travaux

10 - Pratik Chakrabarti, *Bacteriology in British India* (Rochester : University of Rochester Press, 2012) ; Id., Commentary : An experimental theatre for vaccines – Bombay in the time of plague, *International journal of epidemiology* (2013), 258-259.

11 - Waldemar Haffkine, Remarks on the plague prophylactic fluid, *The British medical journal*, 12 (1897), 1461-1462.

12 - Alessandro Lustig, *Sieroterapia e vaccinazioni preventive contro la peste bubbonica : Ricerche sperimentali e cliniche* (Turin : Rosemberg & Seller, 1899).

de Robert Koch et de Louis Pasteur. Selon eux, les maladies avaient une cause spécifique, et nécessaire : les microbes. Ce nouveau domaine, la microbiologie, promettait la cure par la manipulation de ces entités invisibles et la production de vaccins et de sérums [13]. Ces constats entraînèrent une véritable « chasse aux microbes », en Europe et ailleurs, où les chercheurs prétendaient découvrir la cause de différentes maladies et, ensuite, l'atténuation des microbes et la production de remèdes [14]. En dépit de ces transformations, la microbiologie, à la fin du XIXe siècle, était plutôt un espoir dont les résultats pour la santé humaine restaient très limités [15]. Les premiers produits de l'Institut Pasteur, comme le vaccin anticharbonneux, étaient destinés aux animaux, et le vaccin antirabique, malgré son efficacité, était peu utilisé. C'est avec la technologie du sérum antidiphtérique, développée et lancée presque simultanément en Allemagne et en France, en 1894, que la microbiologie put se présenter comme une science applicable au contrôle d'une épidémie humaine [16].

Dans ce contexte scientifique débutèrent les recherches microbiologiques sur la peste bubonique. La maladie avait disparu d'Europe occidentale après l'épidémie de Marseille de 1720 et, hormis quelques apparitions ponctuelles en Afrique et en Asie, elle se confinait à la région du Yunnan chinois. En 1894, la situation changea car elle atteignit la ville de Hong Kong, une colonie britannique proche de l'Indochine française. Afin d'empêcher la peste d'envahir son empire, le gouvernement français envoya Alexandre Yersin pour étudier la maladie [17]. L'analyse des sources produites par l'élève du laboratoire pari-

13 - Chakrabarti (2012), *op. cit. in* n. 10 ; Anne-Marie Moulin, Patriarchal science : The network of the overseas Pasteur Institutes, in *Science and Empires* (Boston : Kluwer Academic Publ., 1992), 307-322 ; Ilana Löwy, Les microbes et les humains, in *Histoire des sciences et des savoirs*, t. 2 (Paris : Seuil, 2015), 222-241.

14 - Bruno Latour, *The Pasteurization of France* (Cambridge, Mass. : Harvard University Press, 1988).

15 - Löwy, *op. cit. in* n. 13.

16 - Esteban Rodriguez-Ocaña, La producción social de la novedad : El suero antidiftérico, « nuncio de la nueva medicina », *Dynamis*, 27 (2007), 33-44 ; Gabriel Gachelin, The designing of anti-diphtheria serotherapy at the Institut Pasteur (1888-1900) : The role of a supranational network of microbiologists, *Dynamis*, 27 (2007), 45-62 ; Volker Hess, The administrative stabilization of vaccines : Regulating the diphtheria antitoxin in France and Germany, 1894-1900, *Science in context*, XXI/2 (2008), 201-227.

17 - Alexandre Yersin, La peste bubonique à Hong Kong, *Annales de l'Institut Pasteur*, VIII (1894), 662-667.

sien lors de son séjour à Hong Kong révèle les principaux objectifs de sa mission : d'abord l'identification étiologique de la peste bubonique, puis la production de cultures de microbes atténués. Yersin analyse cette dernière question à la fin de son article dévolu à la description de l'agent infectieux : « L'inoculation de certaines races ou variétés peu ou point virulentes du bacille spécifique serait sans doute capable de donner aux animaux l'immunité contre la peste[18]. »

Pour obtenir l'atténuation indispensable, la collaboration entre Yersin et ses collègues de l'Institut Pasteur de Paris était essentielle, les ressources matérielles disponibles à Hong Kong étant fort réduites[19]. Il était donc nécessaire d'envoyer les microbes à Paris, une opération extrêmement délicate non seulement sur le plan de la conservation du matériel – qui voyagerait pendant plusieurs semaines –, mais aussi en termes de sécurité sanitaire – s'agissant de transporter vers la France le facteur de la cause de plusieurs décès à Hong Kong[20]. Dans ses rapports au gouverneur de l'Indochine, Yersin semble vouloir montrer que le problème du transport avait été réglé, parce qu'il avait pris toutes les mesures indispensables : « Les microbes sont contenus dans des tubes à vaccin scellés à lampe et renfermés eux-mêmes dans un deuxième tube scellé. Il n'y a donc aucun danger[21]. » Cette affirmation passe néanmoins sous silence une autre série de mesures, prises dans le bateau et à Paris pour éviter tout accident jusqu'à l'arrivée du matériel dangereux aux laboratoires de l'Institut Pasteur.

Les tubes parvinrent sans dommage à Paris. En 1895, une note parue dans les *Annales de l'Institut Pasteur*, signée par Yersin, Albert Calmette (1863-1933) et Amédée Borrel (1867-1936), décrivait les derniers stades de la production de remèdes contre la peste bubonique. Un vaccin et un sérum avaient été obtenus, mais le second se montrait plus prometteur que le premier, parce qu'il guérissait les lapins et les souris et conférait à ces animaux une immunité de quelques jours contre la peste. La production du

18 - Yersin, *op. cit. in* n. 17, 667.

19 - Alexandre Yersin, « Rapport sur la Mission à Hong Kong adressé au Gouverneur Général de l'Indo-Chine », 29 juin 1894 (AIP, fonds IP d'Indochine).

20 - Alexandre Yersin, « Rapport sur la Mission à Hong Kong adressé au Gouverneur Général de l'Indo-Chine », 17 juillet 1894 (AIP, fonds IP d'Indochine).

21 - Yersin, *op. cit. in* n. 19, 4.

sérum antipesteux utilisait, à quelques détails près, les techniques récemment mises en place pour la fabrication du sérum antidiphtérique : certains animaux, comme les chevaux, étaient inoculés avec le bacille pathogène et le développement de la réponse immunologique était suivi du prélèvement sanguin nécessaire à la fabrication du sérum. Après ces expériences sur les animaux, il restait encore les essais sur les humains, étape décisive dans le développement du produit, comme le remarquaient les auteurs à la fin de leur article : « Si ces résultats obtenus sur des animaux continuent à être satisfaisants, il y aura lieu de tenter d'appliquer la même méthode à la prévention et au traitement de la peste chez l'homme [22]. »

À ce moment, la trajectoire du sérum antipesteux commençait à se dissocier de celle du sérum antidiphtérique. Une des raisons du rapide développement et de la standardisation de ce dernier fut que des chercheurs français et allemands purent l'essayer sur les enfants souffrant de diphtérie soignés dans les hôpitaux de Paris et de Berlin [23]. Cependant, les malades atteints par la peste bubonique se trouvaient en Asie. L'occasion pour essayer le sérum antipesteux se présenta lorsqu'une épidémie éclata à Canton, en Chine, au début de l'année 1896. Yersin, qui séjournait alors en Indochine, où il avait commencé la production du sérum à Nha Trang, se rendit à Canton dans le but de tester le produit. Un rapport sur le premier cas qu'il traita, le 26 juin, fut lu devant l'Académie de médecine de Paris par Henri Monod. Yersin expose, en deux pages, la guérison d'un jeune séminariste chinois [24]. Le succès du traitement fut loué comme une victoire française, comme le rappela le consul de France à Canton : « Cette découverte fait le plus grand honneur à la science française et à l'Institut Pasteur de Paris dont le Dr Yersin est un des plus brillants disciples. Elle est destinée [...] à augmenter considérablement notre influence dans cette région [Canton] [25]. » Par la suite, Yersin traita vingt-cinq autres cas à Canton et

22 - Alexandre Yersin, Albert Calmette, Amédée Borrel, La peste bubonique : Deuxième note, *Annales de l'Institut Pasteur*, IX (1895), 589-592, 592.

23 - Anne I. Hardy, From diphtheria to tetanus : The development of evaluation methods for sera in Imperial Germany, *in* Christoph Gradmann, Jonathan Simon (éd.), *Evaluating and standardizing therapeutic agents, 1890-1950* (New York : Palgrave Macmillan, 2010), 52-70.

24 - Alexandre Yersin, Historique du premier cas de peste traité et guéri par l'emploi du sérum antipesteux, *Bulletin de l'Académie de médecine*, XXXVI (1896), 195-196.

25 - Léonce Flayelle, Historique du premier cas de peste traité et guéri par l'emploi du sérum antipesteux, *Bulletin de l'Académie de médecine*, XXXVI (1896), 196-198, 198.

à Amoy, avec les sérums fabriqués à Nha Trang ou à Paris. Les données expérimentales révèlent un faible taux de mortalité – 7,6 %, soit deux morts[26].

Les expériences en Inde (1897-1898)

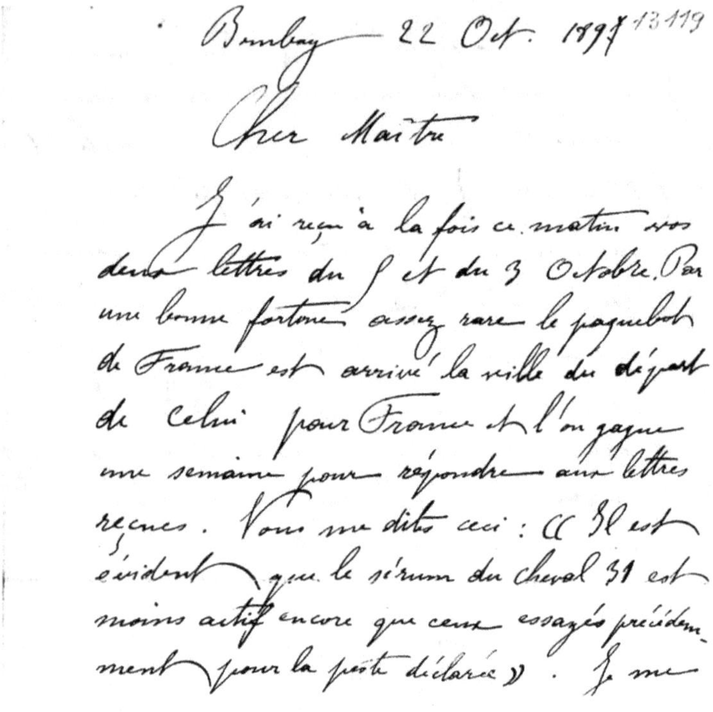

Bombay 22 Oct. 1897 13119

Cher Maître

J'ai reçu à la fois ce matin vos
deux lettres du 1 et du 3 Octobre. Par
une bonne fortune assez rare le paquebot
de France est arrivé la veille du départ
de celui pour France et l'on gagne
une semaine pour répondre aux lettres
reçues. Vous me dites ceci : « Il est
évident que le sérum du cheval 31 est
moins actif encore que ceux essayés précédem-
ment pour la peste déclarée ». Je me

Illustration 1

Début d'une lettre de Paul-Louis Simond à Émile Roux, Bombay, 22 octobre 1897.

(Archives de l'Institut Pasteur, réf. 13119.)

La véritable épreuve pour le sérum antipesteux survint quelques mois plus tard, lorsque la peste toucha la ville de Bombay, au début du mois de septembre 1896. La forte morta-

26 - Alexandre Yersin, Sur la peste bubonique (sérothérapie), *Annales de l'Institut Pasteur*, XI (1897), 81-93.

lité causée par la maladie et le succès remporté précédemment avec le sérum en Chine conduisirent la municipalité à solliciter Yersin pour qu'il y utilisât son produit. De son côté, le gouvernement français accepta une invitation qui lui permettait de montrer « la réputation de générosité et de solidarité de la France [27] ». Toutefois, l'analyse de la correspondance diplomatique entre Bombay et Paris révèle une hésitation de Yersin, la quantité de sérum dont il disposait étant faible face à l'ampleur de l'épidémie [28]. Malgré cet obstacle, la possibilité d'utiliser la science sur un plan politique poussa Yersin à se rendre à Bombay [29]. L'opportunité de finaliser un produit financièrement prometteur pour l'Institut – à l'image du sérum antidiphtérique [30] – si la peste arrivait en Europe et la possibilité de convaincre sur place les Anglais et les Indiens d'acheter le sérum furent aussi des raisons qui justifièrent la mission française [31].

Yersin resta trois mois en Inde, du 5 mars 1897 au début du mois de juin, avant de repartir à Nha Trang où sa présence était requise en raison de la mort d'un des vétérinaires chargés d'inoculer les chevaux producteurs de sérum. Durant son séjour, le pastorien réalisa des expériences à Bombay et à Cutch-Mandvi – une ville située au Nord-Ouest du pays. Yersin effectua trois séries de tests avec des sérums différents : pour la première série, il utilisa le sérum expédié de Nha Trang, lequel avait été administré auparavant en Chine ; durant la deuxième fut employé un nouveau sérum fabriqué à Nha Trang ; pour la troisième, on recourut au sérum envoyé par l'Institut Pasteur de Paris. Les trois séries donnèrent les résultats suivants, respectivement : 57 cas traités dont 19 morts, soit 38 % de mortalité [32] ; 19 cas traités dont 13 morts [33], 72 % de mortalité ; 71 cas traités dont 39 morts,

27 - Ministère des Affaires étrangères, « Correspondance consulaire et commerciale, Bombay », 1896-1898 (AIP, fonds d'Indochine), 2.

28 - *Ibid.*, 2-3.

29 - *Ibid.*, 1-2.

30 - Hess, *op. cit. in* n. 16 ; Jonathan Simon, Quality control and the politics of serum production in France, *in* Gradmann, Simon (éd.), *op. cit. in* n. 23, 89-104.

31 - Émile Roux, « Lettre à Simond », 20 octobre 1897, 2 (AIP, fonds Simond [Paul-Louis]).

32 - Alexandre Yersin, « Dossier des malades : Ire série », 1897 (AIP, fonds Yersin, Alexandre).

33 - Alexandre Yersin, « Dossier des malades : IIe série », 1897 (AIP, fonds Yersin, Alexandre).

55 % de mortalité[34]. Donc les résultats étaient nettement inférieurs à ceux observés en Chine, non seulement parce que la mortalité était passée de 7,6 % à environ 50 %, mais aussi parce que Yersin avait traité cinq fois plus de personnes.

Afin d'expliquer ses échecs, le chercheur évoqua tantôt des facteurs liés aux malades – patients refusant de se faire soigner et arrivant dans un état déplorable –, tantôt la qualité du traitement – une pénurie de sérum entraînant une baisse des quantités utilisables. Les critiques du sérum figurant dans les notes de Yersin, surtout pour la première série, dénonçaient une méconnaissance posologique – c'est-à-dire du volume et du nombre des injections nécessaires à la guérison des différents types de malades[35]. Quant aux deux séries suivantes, l'explication donnée par Yersin relevait de la technique de fabrication du sérum : les chevaux avaient été traités avec des cultures chauffées, alors que la méthode antérieure employée pour la production du sérum administré en Chine utilisait des microbes vivants. Or, selon le pastorien, les chevaux mouraient davantage d'inoculations avec des cultures vivantes, les cultures chauffées étant moins dangereuses pour eux[36]. Ainsi, Yersin ne doutait jamais du rôle crucial du sérum pour guérir la maladie : l'efficacité de son produit était, pour lui, une évidence ; il suffirait de perfectionner la production du médicament dans les laboratoires et d'optimiser son emploi chez les malades[37].

Yersin fut remplacé dans sa mission par Paul-Louis Simond, qui arriva à Bombay le 4 juin 1897 avec une provision du sérum fabriqué à Paris. Médecin de la Marine et bactériologiste formé à l'Institut Pasteur, Simond venait d'être nommé à la direction du laboratoire de bactériologie de Saïgon avec l'autorisation de séjourner quelques mois en Inde[38]. Le contexte de son arrivée était différent de celui qu'avait connu Yersin. En effet, le sérum

34 - Alexandre Yersin, « Dossier des malades : IIIe série », 1897 (AIP, fonds Yersin, Alexandre).

35 - Yersin, *op. cit. in* n. 32.

36 - Alexandre Yersin, Rapport sur la peste aux Indes, *Archives de médecine navale*, 68 (1897), 366-372.

37 - *Ibid.*

38 - Ministère des Colonies, « Désignation pour la Cochinchine. Envoi à Bombay », 17 mai 1897 (AIP, fonds Simond [Paul-Louis]).

avait une efficacité moindre en Inde et des critiques commençaient à être émises par certains médecins de Bombay. En conséquence, Simond réalisa la majorité de ses expériences hors de la cité. Il resta dans les villes de Cutch-Mandvi, Karad et Mundra pendant la première partie de son séjour, entre juin 1897 et le 10 février 1898 [39]. Une interruption fut occasionnée par un voyage à Saïgon [40]. Après son retour en Inde, Simond travailla la plupart du temps dans la ville de Karachi, de mai à août 1898 [41].

Dans une des premières lettres envoyées au pastorien en Inde, Émile Roux (1853-1933), sous-directeur de l'Institut Pasteur, donne quelques indices révélateurs des objectifs de la mission de Simond, précisant que, comme « la peste [allait] durer dans l'Inde, il [faudrait] en profiter non pour faire un traitement en grand, puisque nous n'[avons] pas de sérum suffisant, mais pour faire des essais successifs avec les divers sérums [42] ». Du point de vue de Roux, en 1897, le sérum n'était pas un produit standardisé car il y avait plusieurs façons de le produire. Simond partageait cet avis, notant dans son cahier : « Les expériences de Yersin ont montré que l'administration du sérum n'était pas infaillible, que les résultats variaient avec les moyens mis en œuvre pour l'immunisation des chevaux qui le produisent [43] », c'est-à-dire avec des microbes plus ou moins virulents, vivants ou chauffés. Pour cette raison, pendant la mission de Simond, Roux envoya des sérums obtenus de différentes manières avec l'espoir que son collègue trouverait le meilleur. Dans une lettre du 1er décembre 1897, Roux écrivait : « Ces derniers temps je vous ai expédié des flacons du cheval 88 qui guérit les souris avec 1ce 1/2 et aussi un mélange du sérum 68 et 88 à peu près équivalent [44]. »

39 - Paul-Louis Simond, « Carnet de recherche », 1897-1898 (AIP, fonds Simond [Paul-Louis]).
40 - *Ibid.*, 35.
41 - Paul-Louis Simond, Rapport sur les cas de peste traités dans l'Inde anglaise au moyen du sérum antipesteux préparé à l'Institut Pasteur de Paris par M. le Dr Roux, *Annales d'hygiène et de médecine coloniales*, 1 (1898), 349-361.
42 - Roux, *op. cit. in* n. 31, 2.
43 - Simond, *op. cit. in* n. 39, 36.
44 - Émile Roux, « Lettre à Simond », 1er décembre 1897, 1 (AIP, fonds Simond [Paul-Louis]).

L'envoi du sérum de Paris à Bombay était une affaire délicate. Sans compter le temps de voyage, il faut imaginer toutes les manœuvres techniques et la main-d'œuvre nécessaires pour empaqueter le sérum à Paris, empêcher les flacons de se briser pendant le transport, mettre le chargement dans le bateau et le faire parvenir à Simond. Le plus important était d'éviter la perte des propriétés curatives durant le voyage, mais d'autres difficultés surgissaient, comme Simond le rappelle à Roux : « Il m'a été impossible de rentrer en possession du petit paquet contenant les 6 flacons du vieux sérum, la poste l'a égaré entre Bombay et Agra[45]. »

Un autre problème que l'on observe dans les récits de la première partie du séjour de Simond est que le sérum qui guérissait les cobayes à l'Institut Pasteur ne donna pas les mêmes résultats quand il fut utilisé sur les malades en Inde. Ainsi, Roux raconte à Simond qu'il avait envoyé le sérum du cheval 31 parce qu'il fonctionnait bien sur les souris à l'Institut Pasteur[46]. Toutefois, quand il fut utilisé chez les Indiens à Karad, en septembre 1897, les résultats obtenus furent « fâcheux non seulement en raison de la mortalité énorme mais surtout parce que la comparaison des cas traités et non traités ne présent[ait] aucune différence en faveur du sérum[47] ».

Les différences observées entre les expériences de Roux et de Simond révèlent certains aspects de la recherche scientifique en cause. Roux faisait ses essais à Paris sur des cobayes, mais il lui manquait l'essentiel, les malades, avec qui, en revanche, Simond pouvait travailler dans les hôpitaux en Inde. À Simond, manquait la capacité de production du sérum, qui l'obligeait à travailler parfois avec des séries qui ne fonctionnaient pas, comme celle essayée à Karad. Par conséquent, la tentative de développer un sérum antipesteux capable de guérir les malades se poursuivra *via* ces échanges caractérisés par la production des sérums à l'Institut Pasteur, les essais de Simond en Inde et la modification des sérums à Paris à partir des comptes rendus de Simond. Après les résultats négatifs du sérum à Karad, Roux changea la manière de produire du sérum, cherchant à augmenter la capacité antitoxique. Ce genre de modification faite à Paris fut possible seulement

45 - Paul-Louis Simond, « Lettre à Émile Roux », 13 janvier 1898, 2 (AIP, fonds Simond [Paul-Louis]).
46 - Émile Roux, « Lettre à Simond », 3 octobre 1897 (AIP, fonds Simond [Paul-Louis]).
47 - Simond, *op. cit. in* n. 39, 3.

parce que les cultures de microbes de peste voyageaient aussi entre l'Inde et la France, comme Simond le racontait à Roux : « J'espère que mes tubes de peste seront arrivés en bon état. Ce sont des cultures de Mandvi, de Karachi et de Bombay. Celle de Karachi était très virulente au début[48]. »

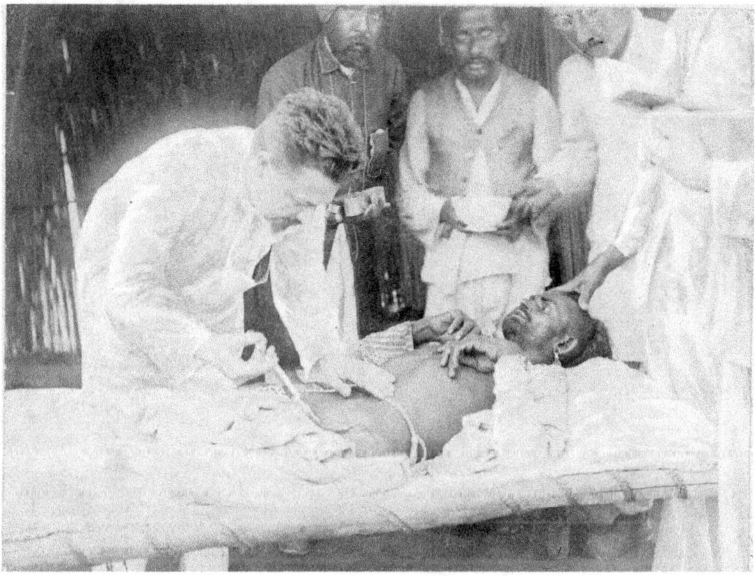

© Institut Pasteur / Fonds Paul-Louis Simond

Illustration 2

Traitement des pestiférés à Karachi, le 4 juin 1898. Injection du sérum antipesteux par le Dr Simond à l'hôpital Vishandas.

(Archives de l'Institut Pasteur, réf. 44556.)

Médiations, concurrence et controverses

Disposer directement du sérum ne garantissait pas le succès de la mission de Simond. Il était nécessaire de l'essayer sur les malades et, pour ce faire, de s'adapter à une société dont le pastorien ne maîtrisait pas les traditions, les langues ni les hiérarchies. Par ailleurs, l'Inde se trouvait placée sous la domination d'une puissance coloniale qui n'était pas la France, ce qui

48 - Paul-Louis Simond, « Lettre à Émile Roux », 31 août 1898, 10 (AIP, fonds Simond [Paul-Louis]).

Illustration 3

Hôpital des femmes hindoues, Cutch-Mandvi.

Assis sur le banc, de gauche à droite : le Dr Wilkins, Miss B., le Dr Simon, le Dr Mason.

(Archives de l'Institut Pasteur, réf. 44574.)

obligeait les chercheurs français à négocier avec les autorités et médecins anglais. Pour surmonter ces difficultés, la présence d'intermédiaires était indispensable.

Le premier de ces entremetteurs fut un compatriote : Joseph-Constantin Pilinski (1831-1905), consul français à Bombay. La mission française en Inde avait été initiée grâce à une invitation de la municipalité qui utilisa le réseau diplomatique commandé par Pilinski [49]. Ce dernier raconte dans ses lettres au ministre des Affaires étrangères que les expériences de Yersin à Bombay étaient réalisées la plupart du temps à domicile. Les solliciteurs venaient chercher le pastorien au consulat, où il séjournait. Comme Yersin ne parlait pas les langues locales et mal l'anglais, Pilinski jouait le rôle d'interprète et de guide. Il était surpris d'apprendre que la notoriété du sérum était déjà connue des « locaux », qui laissaient Yersin traiter leurs femmes, preuve ultime de confiance [50]. Outre le fait que les succès du sérum antipesteux en Chine fussent une excellente carte de visite, les Indiens sollicitaient Yersin parce que ce dernier, en soignant leurs parents, leur permettait d'échapper aux hôpitaux d'isolement anglais, où tous les malades devaient être réglementairement rassemblés [51].

Avec Simond, Pilinski continua à jouer le rôle d'intermédiaire, mais d'une manière différente, parce que le chercheur réalisa la majorité de ses expériences hors de Bombay. C'était lui qui envoyait à Simond de l'argent et le sérum arrivant de Paris. Dans les autres villes, les intermédiaires principaux de Simond furent un interprète local [52] et certains médecins anglais de l'Indian Medical Service – qu'il nommait dans une lettre au *surgeon general*, l'autorité sanitaire principale de l'Inde, à savoir « les docteurs Greyfoot, Wilkins, Mason, Smith, Jowdel et Robertson [53] ». À l'inverse des médecins, l'interprète local ne fut jamais remercié ; sa présence est connue car Simond nota, dans son cahier, qu'il était tombé malade, retardant de ce fait son

49 - Pilinski, *op. cit. in* n. 3.

50 - Joseph Pilinski, « Lettre au ministre des Affaires étrangères », 25 mai 1897 (AIP, fonds Pilinski [Joseph-Constantin]).

51 - Arnold, *op. cit. in* n. 7 ; Klein, *op. cit. in* n. 6.

52 - Simond, *op. cit. in* n. 39, 33.

53 - Paul-Louis Simond, « Lettre au *Surgeon General* », s. d. 1898, 1 (AIP, fonds Simond [Paul-Louis]).

voyage[54]. En revanche, l'invisibilité de l'intermédiaire ne nous empêche pas d'imaginer qu'il ait joué un rôle dans la mission de Simond, surtout dans la construction des relations entre le Français et les malades.

Par ailleurs, les relations développées avec les médecins anglais facilitaient l'entrée de Simond dans un monde inconnu, lui ouvrant les portes des hôpitaux et lui offrant l'opportunité de travailler dans différentes villes. La présence d'intermédiaires le protégeait des tensions et des violences urbaines que soulevaient les mesures prises par l'État – comme l'hospitalisation forcée[55] –, et permettait à Simond de tester le sérum. Sur le plan scientifique, les relations avec les Anglais permettaient de multiplier les expériences. Ainsi, certains médecins britanniques, comme Mason, utilisèrent le produit de l'Institut Pasteur et envoyèrent les résultats à Roux et à Simond[56].

Outre les médecins, l'autre nœud important du réseau de Simond en Inde fut l'Anglais Ernest Hankin (1865-1939), fonctionnaire de la couronne britannique à Agra, dans la partie nord de l'Inde, où il exerçait la fonction de *chemical examiner*[57]. Ce bactériologiste formé à Londres était en bons termes avec des chercheurs de l'Institut Pasteur, tel Albert Calmette[58]. Entre lui et Simond, s'installa une relation professionnelle et amicale qui dura plusieurs années après le départ de ce dernier[59]. Pendant le séjour de Simond en Inde, Hankin l'approvisionna en matériel de laboratoire, comme les tubes de gélose indispensables à la production de cultures microbiennes[60]. Le rôle de Hankin dans l'amélioration du sérum de l'Institut Pasteur fut majeur, car – de même que Simond – il envoyait à Roux des cultures de microbes et les comptes rendus de ses expériences avec le sérum[61].

54 - Simond, *op. cit. in* n. 39.
55 - Condon, *op. cit. in* n. 4.
56 - Mason, « Lettre à Simond », 23 juillet 1897 (AIP, fonds Simond [Paul-Louis]).
57 - Ernest Hankin, *The Bubonic plague* (Allahabad : Pioner Press, 1899).
58 - Albert Calmette, « Lettre à Simond », 19 mai 1898 (AIP, fonds Simond [Paul-Louis]).
59 - Ernest Hankin, « Lettre à Simond », 28 janvier 1907 (AIP, fonds Simond [Paul-Louis]).
60 - Ernest Hankin, « Lettre à Simond », 18 mai 1898 (AIP, fonds Simond [Paul-Louis]).
61 - Émile Roux, « Lettre à Simond », 17 avril 1898 (AIP, fonds Simond [Paul-Louis]) ; Id., « Lettre à Simond », 11 juillet 1898 (AIP, fonds Simond [Paul-Louis]).

Toutefois, si les médecins anglais étaient en mesure d'ouvrir les portes des hôpitaux à Simond, ils pouvaient aussi les lui fermer. Dans une lettre à Roux, Simond évoque ainsi un problème dû au *surgeon colonel* de Karachi, Mac Cloghry : « Il y a trois jours il m'a accompagné d'un air aimable [...] auprès des malades après quoi il m'a dit : "Je pense que maintenant vous avez assez de cas pour vos expériences. Nous attendrons le résultat définitif avant de reprendre les injections [de sérum]" [62]. » Dans la lettre suivante, Simond ajoute : « Si l'on revient à Karachi quand il y aura une recrudescence, probablement en mars prochain [1899] il faudra ou bien se mettre en guerre ouverte avec les médecins anglais qui détiennent l'autorité sanitaire, ou bien implorer d'eux la faveur de travailler dans les hôpitaux du gouvernement [63]. »

Ces tensions avec certains médecins et autorités anglais étaient liées, selon Simond, à des rivalités nationales, comme il l'expliquait à Roux en parlant de sa confiance envers Hankin : « On pourrait demander à Hankin de faire une première série d'injections. Il est très difficile de trouver un Anglais auquel on puisse avoir [*sic*] grande confiance à cet égard. Parmi les médecins que je connais [...] le souci scientifique passe trop loin après les intérêts [...] pour qu'on puisse compter sur la sincérité de leurs observations [64]. »

Si certains médecins anglais créaient des ennuis à Simond, c'était aussi en raison des questions relatives aux effets fâcheux de l'emploi du sérum antipesteux français qui ne marchait pas aussi bien en Inde qu'en Chine. Après ses expériences, Simond trouva une mortalité d'environ 60 %, proche des résultats observés par Yersin lors de ses deux dernières séries en Inde [65]. Comme Simond l'expliquait à Roux, l'abîme entre l'espoir qui existait avant chez les Anglais et les Indiens à l'égard du sérum et la réalité des résultats obtenus créa une méfiance : « L'opinion générale persiste chez les médecins de Bombay que si les chiffres publiés par Yersin en Chine et ici ne sont pas faux, ils

62 - Paul-Louis Simond, « Lettre à Émile Roux », 24 mai 1898, 1-2 (AIP, fonds Simond [Paul-Louis]).

63 - Simond, *op. cit. in* n. 48, 2.

64 - Paul-Louis Simond, « Lettre à Émile Roux », 28 janvier 1898, 2-3 (AIP, fonds Simond [Paul-Louis]).

65 - Simond, *op. cit. in* n. 53, 1.

sont dus à un choix de malades peu gravement atteints[66]. » Simond critiquait cette opinion[67] dans une lettre envoyée au *surgeon general*, où il écrivait :

> « Quelques personnes ont pu croire que je préfère injecter les cas frais parce qu'ils ont plus de chances de guérison naturelle. C'est là une erreur grossière et il suffit de consulter les statistiques des hôpitaux pour voir que toujours la mortalité la plus forte est celle des malades entrés dans les trois premiers jours[68]. »

La sélection de malades existait bel et bien. Dans un rapport paru dans les *Archives de médecine navale*, Yersin explique, en vérité, avoir choisi ses malades en Inde, préférant ceux qui étaient dans les premiers jours de l'infection, parce qu'il n'avait pas beaucoup de sérum et qu'« il [était] inutile d'injecter du sérum à des malades plus avancés, car ils [étaient] ou moribonds ou convalescents[69] ». Simond, de son coté, expliqua à Roux que le rapport qu'il avait fourni au *surgeon general* était plus « optimiste au sujet du traitement [avec le sérum] », parce qu'il avait majoré les résultats en laissant de côté les pires observations de Karad et de Mundra[70]. Ces citations montrent une fois de plus que pour les chercheurs français, l'objectif de la mission en Inde n'était pas en premier lieu de sauver les vies, mais d'essayer les différents sérums sur les malades.

Les critiques des Anglais étaient fondées sur la comparaison des résultats du sérum français avec ceux donnés par les autres produits conçus pour lutter contre la peste. Outre Yersin et Simond, il y avait à Bombay différentes missions de chercheurs européens envoyées par la Russie, l'Autriche-Hongrie, l'Empire allemand et l'Italie, entre autres. Ces savants s'y étaient rendus pour étudier la maladie, par peur qu'elle n'arrive en Europe, et, dans certains cas, pour tester leurs propres sérums et vaccins. Ainsi, comme les Français, ils envisageaient de démontrer que leurs produits fonctionnaient sur les humains et qu'ils pouvaient être

66 - Paul-Louis Simond, « Lettre à Émile Roux », 4 février 1898, 6 (AIP, fonds Simond [Paul-Louis]).

67 - La même opinion se retrouve, presque textuellement, dans le rapport de Simond sur les cas de peste traités par le sérum en Inde (cf. Simond, *op. cit. in* n. 41, 349).

68 - Paul-Louis Simond, « Lettre au *Surgeon General* », juillet 1898, 1 (AIP, fonds Simond [Paul-Louis]).

69 - Yersin, *op. cit. in* n. 36, 369.

70 - Simond, *op. cit. in* n. 64, 3.

utilisés dans leurs pays d'origine si la peste s'y manifestait. Toutefois, l'opportunité de présenter aux Anglais et aux Indiens leurs produits était aussi prise en compte par ces chercheurs.

On peut observer dans les archives de Simond que le grand concurrent en Inde du sérum français était le sérum antipesteux des Italiens Alessandro Lustig et Gino Galeotti[71]. Ces deux chercheurs de l'Istituto superiore di Firenze avaient conçu, en avril 1897, un sérum d'une façon différente du sérum français[72]. Ils n'utilisaient pas de cultures vivantes, mais détruisaient les microbes de peste par l'action caustique et filtraient le liquide. C'était cette substance, présentant « *the chemical characters of the nucleo-proteids* », qu'ils utilisaient pour immuniser les chevaux[73]. La justification donnée pour ce changement dans la production était que l'utilisation de cultures atténuées, comme dans le sérum français, se montrait incertaine et dangereuse pour les animaux et aussi pour les personnes du laboratoire[74]. En revanche, les Italiens affirmaient que cette substance ne contenait pas de bactéries, qu'elle pouvait être dosée et manipulée sans risques[75].

Les professeurs italiens arrivèrent en Inde le 12 juin 1897, quelques jours après Simond[76], et y restèrent jusqu'en septembre. En mars 1898, Galeotti retourna en Inde avec un autre chercheur, Giovanni Polverini, emportant avec lui une nouvelle provision du sérum fabriqué à Florence. Selon leurs rapports[77], entre mars et juin 1898, le sérum fut essayé sur 175 malades à Bombay et donna un taux de guérison de 42 %, similaire à celui du sérum français à la même époque. Durant ces trois mois, pendant que Simond essayait le sérum de l'Institut Pasteur à Bombay et à Karachi, les Italiens se confrontèrent aux problèmes de la circulation du sérum entre l'Europe et l'Inde. Pour cette raison, les articles de Lustig et Galeotti font état d'une préoccupation assez forte à l'égard de la question du transport, de la conservation et des complications qui pouvaient en

71 - Simond, *op. cit. in* n. 48, 4-6.

72 - Alessandro Lustig et Gino Galeotti, On the vaccinations of animals against the plague bacillus, and on the serum obtained therefrom, *The British medical journal*, 24 (1897), 1027-1028.

73 - *Ibid.*, 1027.

74 - Lustig, *op. cit. in* n. 12.

75 - Lustig, Galeotti, *op. cit. in* n. 72.

76 - Lustig, *op. cit. in* n. 12 ; Alessandro Lustig et Gino Galeotti, Remarks on preventive inoculation against bubonic plague, *The British medical journal*, 10 (1900), 311-313.

77 - Alessandro Lustig et Gino Galeotti, The prophylactic and curative treatment of plague, *The British medical journal*, 26 (1901), 206-208.

découler. Les Italiens racontent, par exemple, qu'ils avaient passé des accords avec une compagnie de bateaux pour transporter au mieux le sérum, le produit restant pendant le voyage de Florence vers l'Inde dans une chambre froide. Cet accord intervint à la suite de l'arrivée à Bombay de certains flacons inutilisables qui avaient voyagé hors de cette chambre[78]. Sur le terrain, la préoccupation de la conservation demeurait, en raison de la chaleur qui régnait dans le pays, et toute une série de mesures avait été mise en place, comme l'utilisation de la glace, pour empêcher la dégradation du sérum lorsqu'il était utilisé à l'hôpital Arthur-Road à Bombay[79].

Simond connaissait ces rivaux, non seulement parce qu'ils travaillaient dans le même hôpital à Bombay, mais aussi parce qu'il était logé dans le même hôtel que Gino Galeotti avec qui il pouvait discuter[80]. Toutefois, dans les textes officiels rédigés par le Français après son séjour en Inde, on ne trouve nulle mention de la méthode des Italiens. En revanche, dans les lettres échangées avec Roux, Simond affirmait qu'ils n'étaient pas « capables d'obtenir de cultures virulentes » et que la substance qu'ils utilisaient n'avait pas de propriétés capables de produire un bon sérum. De ce fait, il pariait sur une recrudescence de l'épidémie, en 1899, qui montrerait aux autorités locales de Bombay l'insuccès de ce sérum[81].

Le deuxième concurrent du sérum français en Inde était le produit créé par le bactériologiste russe Waldemar Haffkine, qui était dans le pays depuis 1893 pour tester un vaccin contre le choléra[82]. Au début de l'épidémie de peste bubonique à Bombay, Haffkine développa, à son tour, un vaccin antipesteux en utilisant des microbes détruits par la chaleur. Il explique, dans un texte paru dans l'édition du 12 juin 1897 du *British medical journal* où il se présente comme un ancien membre de l'Institut Pasteur de Paris, avoir testé ce vaccin pour la première fois le 30 janvier 1897, dans une prison située à Bombay[83].

78 - Gino Galeotti et Giovanni Polverini, *Sui primi 175 casi di peste bubbonica tratati nel 1898 in Bombay col siero preparato nel Laboratório di patologia generale di Firenze* (Florence : Canesecchi e Figli, 1898).

79 - *Ibid.*, 5.

80 - Simond, *op. cit. in* n. 48, 5.

81 - *Ibid.*, 5-6.

82 - Ilana Löwy, From guinea pigs to man : The development of Haffkine's anticholera vaccine, *Journal of the history of medicine and allied sciences*, XL/3 (1992), 270-309 ; Deepak Kumar, « Colony » under a microscope : The medical works of W. M. Haffkine, *Science, technology and society*, 4/2 (1999), 239-271.

83 - Haffkine, *op. cit. in* n. 11.

Les expériences de Haffkine avec le vaccin antipesteux avaient commencé à Bombay dans une salle du Petit Laboratory, au Grant Medical College, où quatre assistants l'aidaient. À la suite des premiers résultats convaincants avec le vaccin, Haffkine allait recevoir l'appui de l'Aga Khan, le leader politique et spirituel de la minorité musulmane des Khojas, qui financerait l'installation d'un laboratoire dans une de ses maisons [84]. Après ce déménagement, il inoculerait, seulement à Bombay, 8 142 personnes en 1897 et 25 150 en 1898 [85]. En 1899, ce produit gagnerait aussi le soutien des autorités anglaises, qui créeraient à Bombay le Plague Research Laboratory, dirigé par Haffkine et dédié à l'étude de la peste bubonique et à la fabrication du vaccin antipesteux [86].

Malgré la mention d'une affiliation à l'Institut Pasteur affichée par Haffkine lors de la parution de son article, et le fait qu'il y avait effectivement travaillé comme préparateur [87], le Russe n'était pas reconnu par Yersin, Simond et Roux comme membre du laboratoire parisien [88] et, dans leurs textes et lettres, les Français critiquaient le chercheur. Yersin le fit expressément, dans le rapport sur son séjour en Inde [89], en affirmant que le vaccin avec cultures chauffées utilisé par Haffkine était une copie du vaccin antipesteux qu'il avait créé auparavant à l'Institut Pasteur, avec Calmette et Borrel [90]. En tant que créateur de ce premier produit, Yersin affirmait que son utilisation était dangereuse parce que le vaccin causait une fièvre intense et même la peste bubonique [91].

Simond, de son côté, critiquait le chercheur russe en privé, racontant à Roux que Haffkine faisait « beaucoup de réclame

84 - Waldemar Haffkine, *Report on the preventive inoculation against plague in the Khoja community of Bombay during the epidemic of 1897-1898* (Bombay, 1898).
85 - Krishna, *op. cit. in* n. 5, 18.
86 - Waldemar Haffkine, *Summarised report on the Bombay Plague Research Laboratory for 1896-1902* (Bombay, 1903).
87 - Löwy, *op. cit. in* n. 82.
88 - Dans les textes suivants de Haffkine, la mention de l'Institut Pasteur de Paris va disparaître.
89 - Yersin, *op. cit. in* n. 36.
90 - Yersin, Calmette, Borrel, *op. cit. in* n. 22.
91 - Yersin, *op. cit. in* n. 36. Outre ces critiques, on trouve dans les archives de l'Institut Pasteur des articles de la presse indienne sur le vaccin antipesteux commentés et critiqués dans la marge par Yersin, et des traductions des travaux de Haffkine faites par le consulat français à Bombay, démontrant l'intérêt des pasteuriens pour le vaccin de Haffkine.

pour ses inoculations de cultures chauffées. [...] la mortalité parmi les inoculés dans deux ou trois villes a été beaucoup moindre que parmi les témoins. Sans doute cela tient à ce que l'injection procure une immunisation de quelques jours. Mais la réaction fébrile est telle que les indigènes [...] ne veulent plus entendre parler d'injection [92] ». Roux répondait à cela qu'il était « convaincu, comme [lui], que l'inoculation d'Haffkine [donnait] une immunité relative, mais [que] la fièvre et les accidents qu'elle [pouvait] causer [rendrait] l'emploi général difficile [93] ».

Le vaccin de Haffkine était fortement critiqué par les Français parce qu'il était vu comme un concurrent direct du sérum de l'Institut Pasteur, qui avait été créé au laboratoire parisien, dès le début, pour être aussi utilisé comme vaccin [94], élargissant, ainsi, sa capacité d'action. Cette pratique, connue comme sérovaccination, consistait à inoculer le sérum avant l'infection, en pensant qu'il serait capable de stimuler l'organisme pour créer une défense de quelques jours contre la maladie. Yersin fit des sérovaccinations en Inde [95] et Simond parle de « l'action prophylactique » du sérum français dans ses lettres. Dans l'une d'entre elles, envoyée au *surgeon general*, Simond raconte avoir fait 1 160 immunisations parmi les habitants de Bombay, Cutch-Mandvi, Karad et Mundra, et avoir trouvé que « l'injection du sérum préventif conférait l'immunité pour une durée minimum de 10 à 11 jours [96] ». En raison de cette courte durée d'immunisation, Simond soutenait l'utilisation du sérum comme vaccin seulement parmi les médecins et les habitants des maisons contaminées. Cependant, certaines autorités anglaises n'étaient pas sûres de l'efficacité de la sérovaccination. Hankin, par exemple, raconte à Simond avoir parlé de l'immunisation conférée par le sérum de l'Institut Pasteur au *sanitary commissioner* de Hurdwar, qui lui aurait répondu « que si l'action préventive ne dur[ait] pas [plus d'] un mois ça condamner[ait] la [*sic*] système absolument [97] ».

92 - Simond, *op. cit. in* n. 45, 4.
93 - Émile Roux, « Lettre à Simond », 21 août 1898, 2 (AIP, fonds Simond [Paul-Louis]).
94 - Yersin, Calmette, Borrel, *op. cit. in* n. 22.
95 - Yersin, *op. cit. in* n. 33.
96 - Simond, *op. cit. in* n. 53, 11-12.
97 - Ernest Hankin, « Lettre à Simond », 2 juin 1898, 1 (AIP, fonds Simond [Paul-Louis]).

Lustig et Galeotti, eux aussi, critiquaient la méthode et les résultats de Haffkine, en utilisant quasiment les mêmes arguments que les Français, à savoir que le vaccin causait une fièvre intense, peut-être même la mort ; que les données du chercheur russe n'étaient pas fiables, parce qu'il avait immunisé surtout les classes riches, épargnées naturellement par la peste ; et que la substance utilisée par Haffkine était impure[98]. Ces critiques reposent sur le fait que les Italiens, comme les Français, croyaient que leur sérum antipesteux était capable, non seulement de guérir les malades, mais aussi d'immuniser pendant quelques jours les individus contre la peste bubonique.

Face à ces arguments contraires à l'utilisation de son vaccin antipesteux, Haffkine chercha à le défendre dans ses textes ultérieurs. Utilisant les données de la vaccination antipesteuse en Inde, il montrait, par exemple, que son produit ne causait pas de fièvre intense : « *The highest temperature observed was 105° F* [40 °C]. *This has happened in a very small number of persons, out of about 20.000 inoculated up now*[99]. » De plus, il affirmait que l'immunisation obtenue avec son vaccin durait plus que celle due aux sérums antipesteux : « *It becomes possible to ascertain whether their protection lasts for more than one season* [...] *the total duration of the effect of the antiplague inoculation will probably not be known for several years to come*[100]. » Dans un autre texte publié en 1899, il écrivait plus sûrement : « *As to the duration of the effect of the plague inoculation, the only statement which can be made for the present is that it lasts at least for the duration of one epidemic, which, on the average, extends over four to six months of the year*[101]. »

Cette compétition autour des possibilités de contrôle et de traitement de la peste bubonique montre que leur séjour en Inde n'était pas vu, par ces chercheurs, seulement comme une occasion d'essayer leurs produits, mais aussi comme une opportunité pour convaincre les milieux médicaux locaux et étrangers de l'efficacité de leur sérum ou vaccin. Cette compétition était liée au marché potentiel de ces pro-

98 - Lustig, *op. cit. in* n. 12, 31-35 ; Lustig et Galeotti, *op. cit. in* n. 76, 313.

99 - Waldemar Haffkine, *A conversazione on the preventive inoculation against plague* (Bombay, 1898), 5.

100 - Waldemar Haffkine, *Plague prophylactic inoculation* (Bombay : Clifford & Co., 1898), 5.

101 - Waldemar Haffkine, On preventive inoculation, *Proceedings of the Royal Society*, 65 (1899), 252-271, 267.

duits, en Inde et en Europe ; pour certains, comme Haffkine, c'était la poursuite même de leur carrière professionnelle qui était en jeu.

La fin de la mission française en Inde

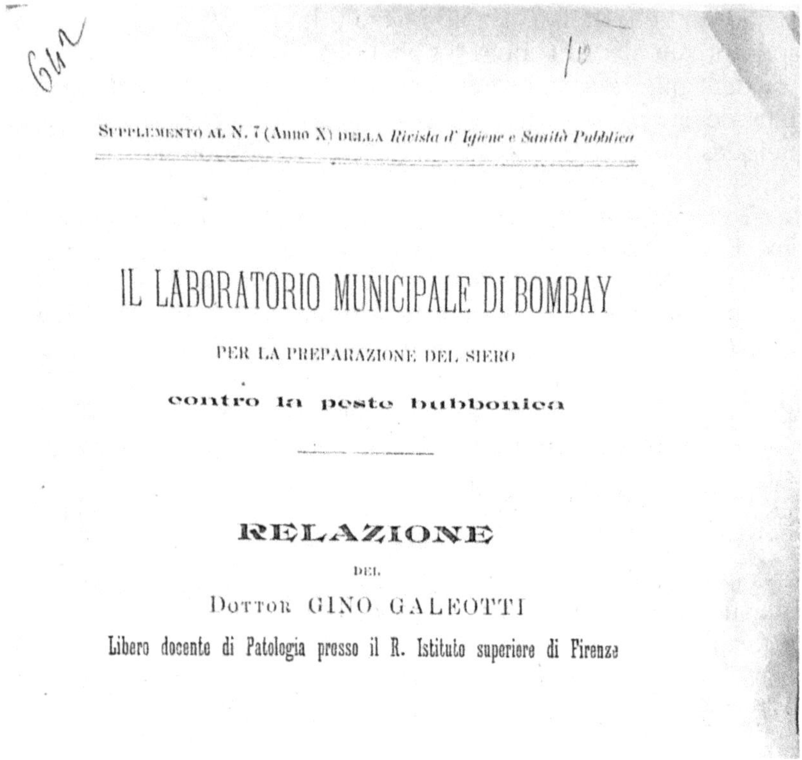

SUPPLEMENTO AL N. 7 (ANNO X) DELLA *Rivista d' Igiene e Sanità Pubblica*

IL LABORATORIO MUNICIPALE DI BOMBAY

PER LA PREPARAZIONE DEL SIERO

contro la peste bubbonica

RELAZIONE

DEL

DOTTOR GINO GALEOTTI

Libero docente di Patologia presso il R. Istituto superiore di Firenze

Illustration 4

Couverture du rapport du Dr Galeotti, Il laboratorio municipale di Bombay per la preparazione del siero contro la peste bubbonica, publié par la Rivista d'igiene e sanità pubblica *en 1899.*

(Exemplaire conservé à l'Académie nationale de médecine, cote 43490(10).)

La mission de Simond prit fin en août 1898 [102]. Dans sa dernière lettre au *surgeon general*, il résume ainsi ses expériences avec le sérum : « Mes résultats ne sont pas tels encore que nous puissions nous déclarer satisfaits et capables de juguler sûrement la

102 - Simond, *op. cit. in* n. 48.

peste. Néanmoins ils sont précieux en ce qu'ils montrent un progrès considérable accompli depuis l'an dernier dans l'efficacité du sérum [103]. » Cependant, si l'on compare ces propos avec l'analyse présentée par Simond à Roux à la même époque, on voit que la lettre au *surgeon general* était surtout une tentative de justification du temps passé en Inde : « Il me semble que pour revenir dans l'Inde il faut ou bien que le gouvernement nous demande du sérum, ou bien que vous ayez la certitude d'un très grand progrès accompli dans la valeur du sérum [104]. »

Cet avis de Simond atteste qu'à la fin de sa mission, le sérum était loin d'être un produit achevé guérissant la majorité des cas [105]. En raison des résultats peu convaincants obtenus avec le sérum, la plus importante publication de Simond juste après son séjour en Inde ne porta pas sur la sérothérapie, mais sur la propagation de la peste ; il y défendait l'hypothèse de la transmission de la maladie par les puces des rats infectés [106]. La rédaction de cet article fut possible parce que son auteur avait pu observer les épizooties des rats dans les villes indiennes avant le début de la maladie chez les hommes, mais aussi grâce aux informations qu'il avait échangées avec les médecins et chercheurs locaux [107], entre autres Hankin [108].

Au moment du départ de Simond, le vaccin de Haffkine et le sérum des Italiens étaient les produits les plus utilisés par les autorités coloniales en Inde [109]. Haffkine et son produit allaient cependant connaître une série de déboires les années suivantes. D'abord, en 1900, la commission envoyée par le gouvernement anglais pour étudier l'épidémie en Inde critiqua la non-standardisation du produit et le taux élevé de contamination [110]. Puis,

103 - Simond, *op. cit. in* n. 68, 1.
104 - *Ibid.*, 4.
105 - *Ibid.*, 6.
106 - Paul-Louis Simond, La propagation de la peste, *Annales de l'Institut Pasteur*, XII (1898), 625-687.
107 - *Ibid.*
108 - Hankin écrit également un article sur la propagation de la peste, qui paraît dans les *Annales de l'Institut Pasteur* un peu avant le texte de Simond, où il affirme que les rats jouent un rôle central au début de la maladie chez les hommes, mais nie une relation avec leurs puces. Cf. Ernest Hankin, La propagation de la peste, *Annales de l'Institut Pasteur*, XI (1898), 705-762.
109 - Simond, *op. cit. in* n. 48, 4.
110 - Indian Plague Commission, *Minutes of evidence taken by the Indian Plague Commission with appendices* (Londres, 1899).

en 1902, dix-neuf personnes décédèrent à Mulkowal à cause des inoculations de vaccins contaminés par des spores tétaniques. Après cet évènement, Haffkine fut suspendu provisoirement de ses fonctions au Plague Research Laboratory et, même après avoir été innocenté, il resta les années suivantes associé à ces décès [111]. En dépit de cet accident, son vaccin continua malgré tout à être utilisé en Inde dans les premières décennies du XXe siècle [112].

Le sérum de Lustig et Galeotti, lui, connut une fortune distincte. À la fin de l'année 1898, la manipulation de cultures de microbes de peste fut suspendue en Italie, après un accident dans un laboratoire de Vienne et la mort de trois personnes causée par le bacille pesteux, en octobre [113]. Ce problème n'empêcha pas, cependant, la poursuite des expériences avec le sérum italien en Inde, les autorités de Bombay ayant financé, début octobre 1898, l'installation d'un laboratoire dans la ville pour la production du sérum [114]. Toutefois, ce transfert de technologie ne fut pas sans inconvénients. Bien que la méthode de production fût la même que celle utilisée en Italie, et que le sérum fût produit à Bombay par Galeotti et Polverini, les résultats furent différents. Pendant les épidémies de 1897 et de 1898, le sérum de Florence avait donné un taux de guérison de 43,57 % mais le sérum fabriqué à Bombay et utilisé au moment de l'épidémie de 1899 présenta un taux de guérison de 34 % seulement [115].

Pour Polverini, ces différences n'étaient jamais dues au sérum lui-même. Il en trouvait la raison dans la faiblesse de la race des chevaux indiens utilisés pour la production du sérum (selon lui, ceux-ci mouraient davantage à cause des injections que les chevaux utilisés en Europe) et la gravité de l'épidémie de 1899 [116]. En 1901, le sérum continuait à être produit à Bombay et donnait

111 - « Confidential Reports on Lieut. Col. Bannerman & Capts. Greig & Liston », 1904 (British Library, India Office Records and private papers).

112 - Glen Liston, *Report of the Bombay Bacteriological Laboratory for the years 1915 & 1916* (Bombay : Government Central Press, 1917).

113 - Lustig, *op. cit. in* n. 12 ; Giovanni Polverini, *On 475 cases of plague treated in Bombay with prof. Lustig's serum* (Bombay : The Times of India, 1899).

114 - Gino Galeotti, Il laboratorio municipale di Bombay per la preparazione del siero contro la peste bubbonica, *Rivista d'igiene e sanità pubblica*, X/7 (1899), 1-8.

115 - Polverini, *op. cit. in* n. 113, 3.

116 - *Ibid.*, 4.

un taux de guérison autour des mêmes 40 % que trois ans auparavant[117]. Toutefois, quelques années plus tard, le gouvernement anglais décida d'arrêter sa production, alléguant des coûts élevés[118].

Quant à la production du sérum à Paris, elle changea après les résultats observés en Inde. Son pouvoir antitoxique fut augmenté et un mélange de cultures chauffées et vivantes fut proposé et appliqué sur les chevaux à Paris. Il était trop tard pour que ces changements améliorent l'impact des missions de Yersin et Simond en Inde. Mais elles facilitèrent l'utilisation du produit français dans d'autres parties du monde touchées par la maladie, notamment lors de l'épidémie de Porto, à la fin de l'année 1899, moment où la peste arriva en Europe. Pour étudier cette épidémie, une commission française composée d'Albert Calmette et Édouard Salimbeni fut envoyée dans la ville portugaise, où les leçons tirées de la mission de Simond en Inde purent être mises en pratique. Les deux membres de l'Institut Pasteur embarquèrent pour le Portugal avec une grande quantité de sérum, afin d'éviter la pénurie de produit. Sur le terrain, pour empêcher les controverses, avant de commencer les expériences sur les humains, ils essayèrent le sérum sur les animaux devant une commission de médecins et politiciens portugais et étrangers qui confirma l'efficacité du produit. En raison des mauvais résultats des injections hypodermiques en Inde, le sérum utilisé par Calmette et Salimbeni fut injecté en hautes doses intraveineuses. La commission française, s'appuyant sur ces nouvelles stratégies scientifiques et politiques, obtint au Portugal, avec la sérothérapie antipesteuse, un résultat largement différent de celui constaté en Inde. Sur 142 cas traités à Porto avec le sérum de l'Institut Pasteur, 21 décès furent observés soit 14,7 % de mortalité[119].

Ces données observées au Portugal seraient ensuite utilisées par l'Institut Pasteur comme preuve que son sérum était finalement au point et qu'il était capable de diminuer considérablement la

117 - Alessandro Lustig, Gino Galeotti, The prophylactic and curative treatment of plague, *The British medical journal*, 26 (1901), 206-208.

118 - Khan Bahadur N. Choksy, On recent progress in the serum-therapy of plague, *The British medical journal*, 30 (1908), 1282-1284.

119 - Albert Calmette et Alexandre Salimbeni, La peste bubonique : Étude de l'épidémie d'Oporto en 1899. Sérothérapie, *Annales de l'Institut Pasteur*, XIII (1899), 865-936.

mortalité causée par la peste bubonique[120]. Toutefois, la compétition autour de la sérothérapie antipesteuse n'était pas terminée car, suite à la propagation de la maladie dans d'autres parties du monde, à la fin de 1899, de nouveaux sérums furent créés. En Inde, par exemple, des sérums antipesteux fabriqués à Bombay, en Italie, en Autriche, au Japon, en Suisse et au Brésil furent essayés et comparés à celui de l'Institut Pasteur de Paris jusqu'en 1907[121].

Conclusion

L'analyse des premières années du développement du sérum antipesteux de l'Institut Pasteur permet de décortiquer une histoire qui n'est pas restreinte aux murs du laboratoire parisien. Le cœur de ce processus, la mission de Yersin et Simond en Inde, montre comment la recherche s'est développée entre la France et l'Inde, à partir des échanges de cultures de microbes, de sérums et de statistiques.

Toutefois, la mission de Yersin et Simond en Inde peut être considérée comme un échec si l'on compare ses objectifs – trouver le « bon » sérum antipesteux et convaincre les milieux médicaux internationaux de l'efficacité prophylactique et curative du produit – à ses résultats. À la fin de la mission, le sérum antipesteux français n'était toujours pas standardisé, tant en terme de production – c'est-à-dire de nombre d'inoculations et de degré de virulence des microbes nécessaires pour immuniser les chevaux – qu'en matière de mode d'utilisation – évaluable par le nombre d'injections nécessaires pour guérir les malades. De plus, pour lutter contre la peste bubonique en Inde, le gouvernement anglais avait décidé de soutenir la production à Bombay du sérum conçu par Lustig et Galeotti à Florence et du vaccin inventé par Haffkine. De ce fait, à la fin du XIXe siècle, l'Institut Pasteur se trouvait écarté du principal marché des produits bactériologiques contre la peste bubonique.

L'analyse du développement du sérum français jusqu'à cet échec provisoire en Inde peut éclairer certaines zones d'ombre de l'histoire de la sérothérapie. La plupart des travaux ont analysé la

120 - Calmette et Salimbeni, *op. cit. in* n. 119.
121 - Choksy, *op. cit. in* n. 118.

création et la diffusion du sérum antidiphtérique mais rarement étudié les sérums n'ayant pas connu le même degré de succès. Le cas du sérum antipesteux français montre bien les limites de l'idée de généralisation de la production de sérums pour guérir toutes les maladies. Cette limitation résultait de l'incapacité des chercheurs, pour des raisons soit scientifiques, soit politiques, à contrôler tous les éléments de la chaîne de développement d'un nouveau produit thérapeutique, surtout au moment de franchir les frontières bien contrôlées du laboratoire.

Les controverses survenues en Inde et l'appui apporté par les Anglais et les Indiens aux Italiens et à Haffkine témoignent du genre de difficultés rencontrées par les Français lors du développement de leur sérum antipesteux et des limites de l'action politique de l'Institut Pasteur hors de l'empire français. Les historiens ont eu beau considérer ce laboratoire comme hégémonique dans le domaine de la bactériologie à la fin du XIXe siècle, l'exemple de la sérothérapie antipesteuse en Inde dévoile un autre contexte, marqué par des compétitions avec des laboratoires moins célèbres, comme ceux fondés à Bombay pour la production du sérum et du vaccin antipesteux.

Remerciements

Je tiens à remercier Daniel Demellier, archiviste de l'Institut Pasteur, pour son aide concernant la correspondance de Yersin et de Simond, les deux experts qui ont lu la version initiale de mon article pour leurs suggestions pertinentes, Anne-Marie Havard, professeur agrégée à l'EHESS, Céline Barthonnat et Anabel Vazquez, respectivement éditrice et chargée des ressources documentaires et de l'information scientifique et technique au Centre Alexandre-Koyré (UMR 8560, EHESS-CNRS-MNHN) pour leur relecture attentive. Enfin, je remercie la Fondation CAPES (Coordenação de Aperfeiçoamento de Pessoal de Nivel Superior) pour le financement de ma recherche doctorale (processo : 99999.001241/2015-00), dont est issu cet article.

Einstein et l'univers-bloc

Joël DOLBEAULT *

Résumé : Tout au long de sa vie scientifique, Albert Einstein réfléchit aux conséquences philosophiques de ses propres travaux sur le temps. Dès 1918, il opère un lien entre la théorie de la relativité et la conception de l'univers-bloc, d'après laquelle tous les moments du temps coexistent. Par la suite, il clarifie ce lien en expliquant que la conception de l'univers-bloc est l'interprétation la plus commode et la plus objective de la théorie. Einstein développe aussi l'idée que, du fait de son engagement déterministe, la physique dans son ensemble permet de soutenir l'univers-bloc. Avec divers interlocuteurs, il discute certaines objections contre cette conception.

Mots-clés : Albert Einstein ; temps ; univers-bloc ; relativité ; déterminisme.

Summary : *Throughout his scientific life, Albert Einstein thinks about the philosophical implications of his own work on time. From 1918, he makes a connection between the theory of relativity and the block-universe conception, according to which all moments of time coexist. Later, he clarifies this connection, explaining that the block-universe conception is the most convenient and objective interpretation of the theory. Einstein also develops the idea that, due to its deterministic commitment, physics as a whole allows to support the block-universe. With various people, he discusses some objections against this conception.*

Keywords : *Albert Einstein ; time ; block-universe ; relativity ; determinism.*

En 1955, dans une lettre adressée à la famille de Michele Besso, un ami de longue date qui vient de disparaître, Einstein écrit : « Pour nous, physiciens croyants, cette séparation entre passé, présent et avenir ne garde que la valeur d'une illusion, si tenace soit-elle [1]. »

* Joël Dolbeault, 51, boulevard Foch, 93160 Noisy-le-Grand. Université de rattachement : Lille-III.
E-mail : joel.dolbeault@free.fr

1 - Albert Einstein, Lettre à la famille de Michele Besso (1955), *in* Albert Einstein, *Œuvres choisies*, t. 5 (Paris : Seuil, 1991), 119.

Cette idée, quelque peu étonnante pour le sens commun, correspond à la conception de l'univers-bloc[2], qui affirme que tous les moments du temps coexistent, et que la succession constitue une illusion. Elle s'inscrit dans un débat philosophique classique sur le temps, qui va de Zénon d'Élée jusqu'à aujourd'hui. Einstein a-t-il réellement défendu cette conception ? Et si oui, quels sont les rapports entre sa conception philosophique du temps et ses idées scientifiques sur le temps ? Telles sont les questions auxquelles cet article veut répondre.

Paradoxalement, ces questions ont été peu étudiées. Certes, il existe une littérature importante sur les conséquences philosophiques de la théorie de la relativité sur la question du temps, notamment sur le rapport entre relativité et univers-bloc[3]. Cependant, il manque à cette littérature une enquête systématique sur les idées philosophiques développées par Einstein lui-même. Par ailleurs, dans les études consacrées à Einstein, ses idées scientifiques et épistémologiques forment un matériau si riche que ses idées plus métaphysiques tendent à être occultées[4]. Pourtant, Einstein a aussi développé de telles idées, et il est intéressant d'étudier leur rapport à son œuvre scientifique.

2 - D'après le dictionnaire Oxford, l'expression « univers-bloc » (en anglais « *block-universe* ») viendrait du philosophe américano-écossais Thomas Davidson (1840-1900), qui l'aurait utilisée dans une lettre à William James en 1881. James aurait ensuite repris cette expression dans des travaux publiés, et l'aurait donc popularisée (*Oxford English dictionary*, 2nde éd. avec additions (Oxford : Clarendon Press, 1989) ; en ligne : <www.oed.com>). Pour la lettre de Davidson à James, voir Ralph Barton Perry, *The Thought and character of William James*, vol. I (Londres : Oxford University Press, 1935), 736. Pour la première utilisation par James de l'expression « univers-bloc », voir son article : The dilemma of determinism, d'abord publié en septembre 1884 dans l'*Unitarian review*, puis republié en 1897 dans William James, *The Will to believe* ; nouvelle éd. (Cambridge : Harvard University Press, 1979), 118, 139. Pour d'autres utilisations par James, voir ses ouvrages *A pluralistic universe* [1909] (Cambridge : Harvard University Press, 1977), 140 et *Some problems of philosophy* [1911] (Cambridge : Harvard University Press, 1979), 97. À chaque fois, James parle de « l'univers-bloc » dans le contexte d'une critique du déterminisme : d'après lui, le déterminisme intégral équivaut à l'idée que le futur est aussi déterminé (fixé) que le passé et le présent, et donc qu'il constitue un seul bloc avec eux. Aujourd'hui, l'expression est largement utilisée pour exprimer l'idée que le futur est aussi réel que le passé et le présent, et que le temps (la succession) est une illusion.

3 - Cette littérature existe depuis l'époque d'Einstein, mais elle semble avoir connu un renouveau depuis la parution de deux articles : Cornelis Rietdijk, A rigourous proof of determinism derived from the special theory of relativity, *Philosophy of science*, 33/4 (1966), 341-344 et Hilary Putnam, Time and physical geometry, *Journal of philosophy*, 64/8 (1967), 240-247.

4 - Voir sur ce point Don Howard, A peek behind the veil of Maya, *in* John Earman & John D. Norton, *The Cosmos of science* (Pittsburgh : University of Pittsburgh Press, 1997), 99-101.

Pour l'essentiel, Einstein développe sa conception philosophique du temps dans des écrits de vulgarisation, notamment dans son ouvrage devenu célèbre : *La Théorie de la relativité restreinte et générale*[5]. Deux raisons à cela : la première est que ces idées n'ont sans doute pas leur place dans des écrits purement scientifiques ; la seconde est qu'elles intéressent un public plus large que la communauté des physiciens. Reste que, dans ces écrits de vulgarisation, Einstein ne manque pas de faire un rapport entre ses idées philosophiques et ses idées scientifiques sur le temps.

Une autre source importante, pour notre étude, est constituée par des lettres et des témoignages de penseurs ayant abordé la question du temps avec Einstein. Comme nous le verrons, ces autres sources confirment et complètent ce qui est dit dans les sources publiées.

Dans les trois premières parties de l'article, nous nous intéresserons essentiellement à la théorie de la relativité et aux conséquences qu'Einstein en a tirées pour sa conception du temps. Nous chercherons notamment à montrer en quoi sa position a évolué entre 1917 et 1954. Dans la quatrième partie, nous nous intéresserons au déterminisme d'Einstein, car celui-ci a aussi joué un rôle dans sa conception du temps. Enfin, dans les deux dernières parties de l'article, nous verrons comment Einstein a tenté de répondre à des objections contre ses vues sur le temps.

L'idée d'un lien entre relativité et univers-bloc : 1917-1918

En 1917, Einstein publie *La Théorie de la relativité restreinte et générale*, dont le but est de présenter la nouvelle théorie à un public plus large que la communauté des physiciens. Mais l'intérêt de cet ouvrage est aussi d'aborder la théorie à un double point de vue, « scientifique et philosophique[6] ». Or, parmi les questions philosophiques soulevées par la théorie, il y a celle de la nature du temps, plus précisément de la réalité objective de la succession. Einstein aborde cette question au chapitre XVII de

5 - Albert Einstein, *Über die spezielle und die allgemeine Relativitätstheorie* (Braunschweig : Vieweg, 1917). Republié dans *The Collected papers of Albert Einstein* (Princeton : Princeton University Press, 1996), désormais *CPAE*, vol. 6, doc. 42. Pour l'édition française, nous nous référons à : *La Théorie de la relativité restreinte et générale* (Paris : Dunod, 1999).

6 - Einstein (1999), *op. cit. in* n. 5, préface.

l'ouvrage, ainsi que dans l'appendice II (ajouté à la troisième édition, en 1918)[7]. Il établit alors un lien entre relativité et univers-bloc. Mais avant d'expliquer ce lien plus en détail, rappelons quelques points fondamentaux, qui correspondent à deux dates.

En 1905, Einstein publie un article qui propose *une nouvelle définition physique du temps*[8], en conformité avec deux principes qui semblent alors s'imposer : le principe de relativité et celui de la constance de la vitesse de la lumière dans tous les référentiels inertiels. Cette définition repose sur une méthode de synchronisation d'horloges, nécessaire à la mesure du temps en physique. Mais l'important est qu'elle aboutit à une conséquence qui s'oppose au sens commun, à savoir que le concept de simultanéité perd sa signification absolue. Plus précisément, cela revient à dire que l'intervalle de temps entre deux événements A et B peut varier en fonction des différents référentiels inertiels, sachant que le principe de relativité interdit de privilégier l'un de ces référentiels. Dans certains cas, cette variation peut même aller jusqu'à une inversion de l'ordre temporel entre A et B.

Quelques années plus tard, en 1908, lors d'une conférence à Cologne, Hermann Minkowski explique que, au point de vue de la relativité restreinte, le monde peut être considéré comme *un continuum d'espace-temps à quatre dimensions*, et il démontre la parenté formelle de cet espace-temps avec un espace euclidien (à quatre dimensions)[9]. Cette représentation fournit un moyen simple et élégant d'écrire les lois de la physique, d'une manière indépendante des systèmes de référence. De plus, selon Minkowski, elle possède un sens physique car, en relativité, l'espace et le temps ne sont pas indépendants. En ce sens, il écrit :

> « La conception de l'espace et du temps que je voudrais développer devant vous a grandi sur le sol de la Physique expérimentale. C'est ce qui fait sa force. La tendance est radicale. Dès maintenant, l'espace indépendant du temps, le temps indépendant de

7 - Einstein (1996), *op. cit. in* n. 5, 538, note 71.

8 - S'il est vrai que la théorie de la relativité restreinte doit beaucoup à d'autres physiciens qu'Einstein, notamment Lorentz et Poincaré, seul Einstein se permit de redéfinir les concepts d'espace et de temps. Sur ce point, voir Olivier Darrigol, 1905 : Un nouvel élan, in *Einstein aujourd'hui* (Les Ulis : EDP Sciences – Paris : CNRS Éd., 2005), 3-38.

9 - Hermann Minkowski, *Raum und Zeit* (Leipzig : B. G. Teubner, 1909). Pour l'édition française : Espace et temps, *Annales scientifiques de l'ENS*, sér. 3, t. 26 (1909), 499-517.

> l'espace ne sont plus que des ombres vaines ; une sorte d'union des deux doit seule subsister encore[10]. »
> « L'espace indépendant du temps, le temps indépendant de l'espace ne sont plus que des ombres vaines ; il ne subsiste que l'univers[11]. »

D'après Minkowski, la théorie de la relativité impose de concevoir la réalité physique comme un continuum d'espace-temps à quatre dimensions. Cette position va totalement à l'encontre de celle d'Henri Poincaré, dont le nom n'est pas cité dans la conférence de Cologne, mais qui est probablement visé par Minkowski[12]. Pour Poincaré, en effet, la réalité physique laisse le choix entre plusieurs formalismes, et, en l'occurrence, le physicien a intérêt à conserver les concepts traditionnels d'espace et de temps, enracinés dans l'usage courant[13]. Pour Minkowski, au contraire, il faut mener jusqu'au bout la révolution conceptuelle commencée par Einstein, en affirmant la réalité du continuum d'espace-temps.

Suite à la publication de la conférence de Cologne, les idées de Minkowski sont bien accueillies par de nombreux mathématiciens, ainsi que par certains physiciens[14]. Einstein fait partie de ceux-là. À plusieurs reprises, en effet, il souligne l'intérêt du formalisme introduit par Minkowski, tant pour l'exposition de la relativité restreinte[15] que pour la découverte de la relativité générale[16]. De plus, Einstein semble convaincu par la réalité du continuum d'espace-temps. En témoigne une lettre de 1915 adressée au philosophe Moritz Schlick (1882-1936), où Einstein félicite ce dernier pour un article sur la signification philosophique du principe de relativité :

> « Vos remarques sur la théorie générale de la relativité sont également tout à fait correctes, dans la mesure où cette théorie a été correcte jusque-là. Le résultat récemment découvert est qu'il existe une théorie compatible avec l'ensemble de l'expérience jusqu'à présent, et dont les équations sont covariantes en ce qui concerne les trans-

10 - Minkowski (éd. franç.), *op. cit. in* n. 9, 499-500.

11 - *Ibid.*, 504.

12 - Scott Walter, Minkowski's modern world, *in* Vesselin Petkov (éd.), *Minkowski spacetime : A hundred years later* (Dordrecht : Springer, 2010), 54.

13 - Darrigol (2005), *op. cit. in* n. 8, 10-11.

14 - Walter (2010), *op. cit. in* n. 12, 56.

15 - En 1912-1914, dans le manuscrit sur la théorie de la relativité restreinte. Cf. *CPAE*, vol. 4, doc. 1, § 16. En 1917 aussi, dans *La Théorie de la relativité restreinte et générale*. Cf. Einstein (1999), *op. cit. in* n. 5, 62.

16 - En 1916, dans l'article des *Annalen der Physik* : Die Grundlage der allgemeinen Relativitätstheorie. Cf. *CPAE*, vol. 6, doc. 30, § 1. En 1917 aussi. Cf. Einstein (1999), *op. cit. in* n. 5, 62.

formations arbitraires des variables d'espace-temps. Ainsi, le temps et l'espace perdent ce qui leur restait de réalité physique. Tout ce qui reste est que le monde doit être conçu comme un continuum quadridimensionnel (hyperbolique) de 4 dimensions [17]. »

En 1917, dans *La Théorie de la relativité restreinte et générale*, au chapitre XVII consacré à l'espace-temps de Minkowski, Einstein écrit quelque chose qui va dans le même sens :

> « Grâce à la Théorie de la relativité, la conception du "monde" à quatre dimensions devient tout à fait naturelle, puisque, d'après cette théorie, le temps est privé de son indépendance [...] [18]. »

Puis, dans l'édition de 1918, Einstein va plus loin, semble-t-il, en affirmant qu'il existe un lien entre la théorie de la relativité et l'univers-bloc :

> « On voit d'après [1] que la coordonnée de temps imaginaire x_4 entre dans la condition de transformation exactement de la même manière que les coordonnées d'espace $x_1 + x_2 + x_3$. C'est pourquoi d'après la Théorie de la relativité, le "temps" x_4 entre dans les lois de la nature de la même façon que les coordonnées d'espace $x_1 + x_2 + x_3$.
> « Le continuum à quatre dimensions décrit par les "coordonnées" x_1, x_2, x_3, x_4 a été appelé par Minkowski "monde", et le point-événement "point du monde". D'un *devenir* dans l'espace à trois dimensions, la Physique devient en quelque sorte *l'être* dans le "monde" à quatre dimensions [19]. »

Ce passage est extrait de l'appendice II du livre, qui vise à fournir quelques détails mathématiques sur l'espace-temps de Minkowski. L'équation [1] dont parle Einstein est la suivante :

$$[1] \quad x_1'^2 + x_2'^2 + x_3'^2 + x_4'^2 = x_1^2 + x_2^2 + x_3^2 + x_4^2 .$$

17 - Albert Einstein, Lettre à Schlick du 14 décembre 1915 (*CPAE*, vol. 8, doc. 165, notre traduction). Texte original : « *Auch ihre Bemerkungen über die allgemeine Relativitätstheorie sind ganz richtig, soweit diese Theorie bisher überhaupt richtig war. Das neu Gefundene ist das Resultat, dass es eine mit allen bisherigen Erfahrungen vereinbare Theorie gibt, deren Gleichungen beliebigen Transformationen der Raum-Zeitvariabeln gegenüber kovariant sind. Dadurch verlieren Zeit & Raum den letzter Rest von physikalischer Realität. Es bleibt nur übrig, dass die Welt als vierdimensionales (hyperbolisches) Kontinuum von 4 Dimensionen aufzufassen ist.* »

18 - Einstein (1999), *op. cit. in* n. 5, 61.

19 - *Ibid.*, 136-137. Texte original de la dernière phrase : « *Die Physik wird aus einem Geschehen im dreidimensionalen Raum gewissermaßen ein Sein in der vierdimensionalen "Welt".* » *In* Einstein (1996), *op. cit. in* n. 5, 507.

Cette équation exprime d'abord le caractère invariable de n'importe quel intervalle d'espace-temps dans tous les référentiels inertiels (ici K′ et K). Alors que l'intervalle d'espace entre deux événements A et B peut varier en fonction des différents référentiels inertiels, de même que l'intervalle de temps entre A et B, l'intervalle d'espace-temps lui, qui *unit* les intervalles d'espace et de temps, est invariable. D'où l'idée que, au point de vue de la réalité physique elle-même, c'est-à-dire indépendamment des systèmes de références, l'espace et le temps ne sont plus indépendants l'un de l'autre.

Cette équation montre aussi la parenté formelle de l'espace-temps de la relativité restreinte avec un espace euclidien (à quatre dimensions). Il est possible de l'écrire en substituant x_4 à $\sqrt{-1}ct$ pour la coordonnée de temps, l'intervalle d'espace-temps apparaissant alors comme une distance dans l'espace euclidien.

D'un point de vue formel donc, Einstein souligne que, pour la théorie de la relativité, la coordonnée de temps (modifiée) perd sa spécificité : elle entre dans les lois de la nature de la même façon que les coordonnées d'espace. Mais à la fin du passage, avec l'utilisation de la distinction entre *être* et *devenir*[20], son propos prend un tour plus philosophique. Einstein semble alors affirmer ceci : pour la science physique, la réalité n'est plus un monde à trois dimensions spatiales *qui devient*, c'est à dire où des changements se produisent, mais un monde à quatre dimensions *qui est*, sans devenir. Un monde immuable donc, où passé, présent et futur sont donnés en bloc. Un monde où la succession n'est qu'une apparence.

Dans la phrase, notons qu'Einstein ne parle pas directement de la réalité physique, mais de la science physique (« *Die Physik* », dans le texte original) : « […] la Physique devient en quelque sorte *l'être* dans le "monde" à quatre dimensions. » Cependant, pour lui, la physique est mieux placée que le sens commun pour la connaissance objective du monde, notamment de l'espace et du temps. Par conséquent, il est difficile d'éviter l'interprétation que nous proposons.

20 - En allemand, « *das Geschehen* » signifie : ce qui arrive, ce qui se passe. Einstein semble donc opposer *ce qui est* et *ce qui arrive*. D'où la traduction française de « *Geschehen* » par « devenir ».

Pour Minkowski, la physique relativiste autorise à abandonner l'espace et le temps classiquement conçus, c'est-à-dire comme indépendants l'un de l'autre. Ce qui subsiste est alors « une sorte d'union des deux[21] », sans doute difficile à imaginer. Pour Einstein, en 1918, cette union des deux semble se faire au profit de l'espace, avec un abandon de la succession comme concept objectif[22].

La critique du lien entre relativité et spatialisation du temps : 1921-1928

Le travail de Minkowski soulève en fait trois questions différentes : d'abord, celle de l'intérêt formel du continuum d'espace-temps pour la physique ; ensuite, celle de la réalité physique de ce continuum ; enfin, celle de la nature du temps dans ce continuum. La première question est peu débattue, tant l'intérêt formel du travail de Minkowski est évident. La seconde, en revanche, est débattue parmi les physiciens. Ainsi, Arnold Sommerfeld (1868-1951) appuie l'idée que le continuum d'espace-temps correspond à une réalité physique, ce qui n'est pas le cas de Max Wien (1866-1938), ni de Max von Laue (1879-1960)[23]. Quant à la troisième, elle conduit certains physiciens à rejeter la réalité physique de la succession. C'est le cas d'Ebenezer Cunningham (1881-1977) qui, en 1914, écrit :

> « Avec Minkowski, l'espace et le temps deviennent des aspects particuliers d'un seul concept quadridimensionnel. [...] Maintenant, si tous les phénomènes de mouvement sont examinés à partir de ce point de vue, ils deviennent des phénomènes intemporels dans l'espace quadridimensionnel. Toute l'histoire d'un système physique est conçue comme un tout immuable[24]. »

21 - Voir la citation complète plus haut.

22 - Notre analyse contredit ainsi celle de Michel Paty, qui défend l'idée que, pour Einstein, l'espace-temps quadridimensionnel de Minkowski possède essentiellement un intérêt formel. Cf. Michel Paty, *Einstein philosophe* (Paris : Presses universitaires de France, 1993), 165-171.

23 - Walter (2010), *op. cit. in* n. 12, 57-58.

24 - Ebenezer Cunningham, *The Principle of relativity* (Cambridge : Cambridge University Press, 1914), 191 (notre traduction). Texte original : « *With Minkowski space and time become particular aspects of a single four-dimensional concept. [...] Now if all motional phenomena are looked at from this point of view, they become timeless phenomena in four-dimensional space. The whole history of a physical system is laid out as a changeless whole.* » Voir aussi 213-214.

En 1919, Hermann Weyl (1885-1955) affirme quelque chose de similaire :

> « Subjectivement, il y a un abîme entre nos modes de perception du temps et de l'espace, mais il ne reste pas trace de cette différence qualitative dans l'univers objectif, que la physique cherche à épurer de l'intuition immédiate. Cet univers est un continu à quatre dimensions qui n'est ni "l'espace" ni "le temps" ; c'est la conscience seule qui, se mouvant dans un domaine de cet univers, enregistre la section qui vient à elle et la laisse en arrière, comme "histoire", c'est-à-dire comme un processus qui se déroule dans l'espace et se développe dans le temps [25]. »

En 1918, comme nous l'avons vu, Einstein semble aussi défendre cette position. Cependant, au cours des années 1920, il développe l'idée que la théorie de la relativité ne constitue pas une spatialisation du temps, indiquant par là qu'elle ne conduit pas nécessairement à l'univers-bloc. Cela apparaît d'abord dans une des conférences qu'il fait à Princeton en 1921, puis dans une analyse qu'il consacre au livre du philosophe Émile Meyerson, *La Déduction relativiste*, en 1928.

En 1921, Einstein donne une série de quatre conférences à Princeton [26]. Lors de la deuxième conférence, consacrée à la relativité restreinte, il affirme à nouveau *la réalité physique du continuum d'espace-temps* : « En abandonnant l'hypothèse du temps absolu, et en particulier le caractère absolu de la simultanéité, l'aspect quadridimensionnel de l'espace-temps s'impose immédiatement [27]. » Ainsi, entre deux événements, il n'existe pas de relation spatiale absolue (*i. e.* indépendante du système de référence), ni de relation temporelle absolue, mais « une relation spatio-temporelle absolue [28] » – une sorte d'union de l'espace et du temps, pour parler comme Minkowski. À cet endroit, Einstein rend

25 - Nous reprenons ici le texte de l'édition française : Hermann Weyl, *Temps, espace, matière* (Paris : Albert Blanchard, 1922), 189-190.

26 - Albert Einstein, *Vier Vorlesungen über Relativitätstheorie* (Braunschweig : Vieweg, 1922). Republié dans *CPAE*, vol. 7, 497-630. Pour l'édition française, nous nous référons à : Id., *Quatre conférences sur la théorie de la relativité* (Paris : Dunod, 2005).

27 - Einstein (2005), *op. cit. in* n. 26, 27.

28 - *Ibid.*, 27.

d'ailleurs hommage à Minkowski pour sa contribution à la théorie de la relativité. Mais peu après, il ajoute :

> « Et la non séparabilité du continuum quadridimensionnel des événements n'implique en aucune façon l'équivalence entre les coordonnées de l'espace et celle du temps. Il ne faut pas perdre de vue que la coordonnée du temps est physiquement définie d'une manière différente des coordonnées spatiales[29]. »

Ici, Einstein souligne que, *d'un point de vue physique* (et non pas seulement formel), la coordonnée de temps conserve sa spécificité par rapport aux coordonnées d'espace, ce qui tend à saper toute tentative de réduction du temps à l'espace. Cette spécificité du temps saute aux yeux quand on compare l'équation [1] donnée plus haut avec une équation équivalente [2], mais cette fois-ci sans la transformation formelle qui permet de rapprocher l'espace-temps de la relativité restreinte d'un espace-temps euclidien à quatre dimensions :

[1] $$x_1'^2 + x_2'^2 + x_3'^2 + x_4'^2 = x_1^2 + x_2^2 + x_3^2 + x_4^2\,;$$

[2] $$x_1'^2 + x_2'^2 + x_3'^2 - (ct')^2 = x_1^2 + x_2^2 + x_3^2 - (ct)^2.$$

Dans la deuxième expression, par opposition à la première, le symbole mathématique de la quatrième dimension est multiplié par *c*, et affecté d'un signe contraire à celui des termes spatiaux. Cette différence dans l'expression mathématique a évidemment un sens physique. Elle signifie que l'espace-temps de la relativité restreinte n'est pas isotrope : au sein de cet espace-temps, toutes les directions ne sont pas équivalentes, car toutes les lignes d'univers d'un objet ne sont pas physiquement possibles. En particulier, la ligne d'univers qui relie un événement P à un événement Q ne peut pas, à partir de Q, revenir vers P[30].

29 - Einstein (2005), *op. cit. in* n. 26, 28.

30 - Précisons que la théorie de la relativité restreinte est symétrique par renversement du temps. En ce sens, elle autorise une ligne d'univers qui va de P à Q, ou bien de Q à P. Ce qu'elle n'autorise pas est une ligne d'univers qui irait de P à Q, puis de Q à P, ou *vice versa*.

Le schéma suivant d'un événement P quelconque de l'univers permet de mieux comprendre cette idée :

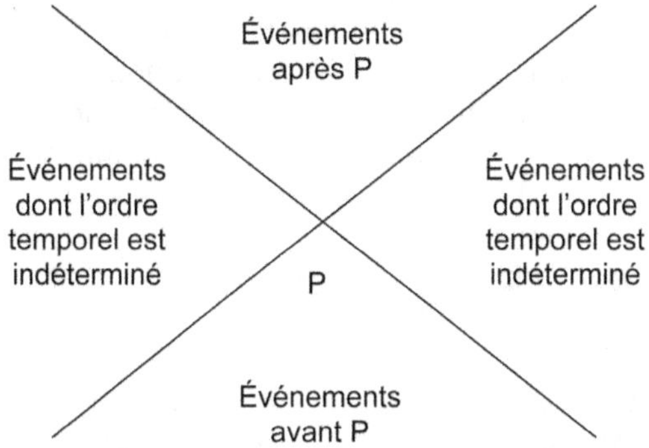

Le point d'intersection des deux lignes représente un événement P quelconque. Les deux lignes représentent l'ensemble des événements possiblement reliés à P par un signal lumineux. Les parties situées à gauche et à droite de P représentent l'ensemble des événements dont l'ordre temporel est *indéterminé* par rapport à P : indépendamment du point de vue d'un référentiel précis, il n'est pas possible de dire si un événement quelconque de cet ensemble se produit avant, après ou en même temps que P. Les parties situées au-dessous et au-dessus de P représentent l'ensemble des événements dont l'ordre temporel est *déterminé* par rapport à P : indépendamment du point de vue d'un référentiel précis, ils se produisent avant ou après P. L'avant de P est l'ensemble des événements qui peuvent contribuer à produire P, mais que P ne peut pas contribuer à produire. Et l'après de P est l'ensemble des événements que P peut contribuer à produire, mais qui ne peuvent pas contribuer à produire P.

Par rapport à un événement P quelconque, et pour un nombre indéfini d'événements, la relativité restreinte admet donc l'existence d'un ordre temporel absolu (*i. e.* indépendamment d'un système de référence précis). De ce fait, elle ne réduit pas le temps à l'espace.

En 1925, Meyerson publie *La Déduction relativiste*[31], dont le but est d'étudier la pensée scientifique en analysant la construction

31 - Émile Meyerson, *La Déduction relativiste* (Paris : Payot, 1925).

de la théorie de la relativité[32]. Dans un chapitre consacré au temps, il affirme que, suite à Minkowski, un des aspects de la théorie est la *spatialisation du temps*, car le bouleversement des notions d'espace et de temps opéré par le continuum d'espace-temps « s'opère manifestement au profit de l'espace[33] ». Cet aspect lui apparaît comme la conséquence d'une « tendance générale inhérente à notre raison[34] » : la tendance à considérer le temps comme une grandeur, et donc à le spatialiser[35]. Meyerson critique cette spatialisation du temps en avançant des arguments physiques, notamment l'anisotropie du continuum d'espace-temps[36]. Il vise ainsi plusieurs physiciens, Einstein notamment, dont il cite le texte de 1918[37].

En 1928, Einstein consacre un article au livre de Meyerson, et lui donne raison sur la question de la spatialisation du temps en relativité :

> « D'ailleurs, l'analogie que fait valoir M. Meyerson entre la physique relativiste et la géométrie est bien plus profonde. Examinant, du point de vue philosophique, la révolution amenée par les théories nouvelles, il y voit la manifestation d'une tendance déjà marquée par les progrès scientifiques antérieurs, mais plus visible encore ici, tendance à la réduction du "divers" à sa plus simple expression, c'est-à-dire à sa dissolution dans l'espace. Que cette réduction complète – qui était le rêve de Descartes – soit en réalité impossible, c'est ce que montre M. Meyerson dans la théorie de la relativité elle-même. C'est ainsi qu'il insiste avec raison sur l'erreur de maints exposés de la relativité, où il est question de la "spatialisation du temps". Le temps et l'espace sont bien fondus dans un même continuum, mais celui-ci n'est pas isotrope. Les caractères de l'élément de distance spatiale et ceux de l'élément de durée restent distincts les uns des autres, et cela jusque dans la formule donnant le carré de l'intervalle d'univers de deux événements infiniment voisins[38]. »

32 - Meyerson, *op. cit. in* n. 31, IX.
33 - *Ibid.*, 102.
34 - *Ibid.*, 105.
35 - *Ibid.*, 107.
36 - *Ibid.*, 103-104.
37 - Voir ce texte plus haut.
38 - Albert Einstein, À propos de *La Déduction relativiste* d'Émile Meyerson, *Revue philosophique de la France et de l'étranger*, vol. 105 (1928), 161-166. Republié dans Albert Einstein, *Œuvres choisies*, t. 3 (Paris : Seuil, 1993), 223-227.

À nouveau, on retrouve l'idée que, en relativité, la coordonnée de temps de l'intervalle d'univers possède une spécificité physique par rapport aux coordonnées d'espace, du fait de l'anisotropie de l'espace-temps. Mais la conclusion est encore plus claire que dans la conférence de 1921 : c'est donc une erreur de penser que, d'après cette théorie, le temps serait réduit à de l'espace. Autrement dit, c'est une erreur de penser que la théorie de la relativité conduit nécessairement à la conception de l'univers-bloc.

L'interprétation de la relativité dans le sens de l'univers-bloc : 1938-1954

Cependant, en 1938, puis en 1954, on trouve à nouveau des textes où Einstein opère un lien entre relativité et univers-bloc. Dans les deux cas, l'engagement en faveur de l'univers-bloc est plus clair qu'en 1918, mais aussi plus précisément argumenté.

Le premier texte se trouve dans *L'Évolution des idées en physique* (1938)[39], écrit en collaboration avec Léopold Infeld (1898-1968), et dont l'objet se veut à la fois scientifique et philosophique[40]. Dans un long passage consacré au continuum d'espace-temps, Einstein et Infeld expliquent qu'il existe deux types de représentation du mouvement en physique : la « représentation *dynamique* » et la « représentation *statique* »[41]. Dans l'exemple de la chute d'une pierre, la première consiste à concevoir le mouvement comme « une suite d'événements[42] » dans un espace unidimensionnel. La seconde consiste à concevoir le même mouvement comme une « courbe[43] » dans un espace-temps bidimensionnel. En ce sens, les auteurs écrivent :

> « Le mouvement est maintenant représenté comme quelque chose qui *est*, qui existe dans un continuum espace-temps bidimensionnel, et non pas comme quelque chose qui change dans le continuum d'espace unidimensionnel[44]. »

39 - Albert Einstein et Léopold Infeld, *The Evolution of physics* (Cambridge : Cambridge University Press, 1938). Pour l'édition française, nous nous référons à : Id., *L'Évolution des idées en physique* (Paris : Flammarion, 1983).
40 - Einstein et Infeld (1983), *op. cit. in* n. 39, 6.
41 - *Ibid.*, 194.
42 - *Ibid.*
43 - *Ibid.*
44 - *Ibid.*

Einstein et Infeld ajoutent que, au point de vue de la physique prérelativiste, ces deux représentations sont rigoureusement équivalentes : préférer l'une à l'autre est « une simple affaire de goût et de convention[45] ». Mais ils précisent que, au point de vue de la relativité, la représentation statique du mouvement s'impose :

> « Ce qui a été dit ici au sujet des deux représentations du mouvement n'a rien à faire avec la théorie de la relativité. Les deux représentations peuvent être employées avec une raison égale, bien que la physique classique ait plutôt préféré la représentation dynamique, en décrivant le mouvement comme des événements dans l'espace et non comme existant dans l'espace-temps. Mais la théorie de la relativité a changé ce point de vue. Elle s'est nettement déclarée en faveur de l'image statique et a trouvé dans cette représentation du mouvement comme quelque chose qui existe dans l'espace-temps une image plus commode et plus objective de la réalité[46] . »

Einstein et Infeld justifient cette idée par l'argument suivant : selon la théorie de la relativité, aucun référentiel ne peut être privilégié pour la formulation des lois de la nature. Pourtant, deux référentiels en mouvement relatif ne tomberont pas d'accord sur les coordonnées de temps et d'espace d'un événement. Il n'est donc pas possible, dans le cadre de la théorie, de décomposer le continuum quadridimensionnel en deux continuums distincts, comme en physique classique. Autrement dit, en relativité restreinte, « nous ne devons pas considérer l'espace et le temps séparément[47] ».

Pourtant, compte tenu de ce que nous avons vu dans la partie précédente de l'article, il est évident que, pour Einstein et Infeld, cet argument ne constitue pas une déduction rigoureuse, car la non-séparation de l'espace et du temps en relativité n'entraîne pas logiquement l'irréalité de la succession. Le lien qu'ils opèrent entre relativité et univers-bloc n'est donc pas strictement logique. Il ressortit plutôt d'une interprétation philosophique de la théorie.

Mais la question rebondit : qu'est-ce qui motive cette interprétation ? La réponse d'Einstein et Infeld semble résider dans une expression qu'ils utilisent à deux reprises, mot pour mot : au point

45 - Einstein et Infeld (1983), *op. cit. in* n. 39, 194.
46 - *Ibid.*
47 - *Ibid.*, 196.

de vue de la relativité, la représentation statique du mouvement est « une image plus commode et plus objective de la réalité[48] ». L'idée est que le penseur aurait besoin d'une certaine *image de la réalité*, c'est-à-dire d'une représentation concrète de la réalité, du moins d'une représentation qui ne soit pas totalement abstraite (*i. e.* qui ne soit pas qu'un ensemble d'équations). D'ailleurs, dans ce texte de 1938, toute l'analyse se présente comme un choix à opérer entre deux représentations du mouvement, l'une dynamique, l'autre statique. Autrement dit, toute l'analyse présuppose la nécessité d'avoir une certaine représentation du mouvement qui complète sa représentation sous forme d'équations. Or, au point de vue de la relativité, il est difficile d'avoir une représentation quelque peu concrète de la succession, car cette théorie rejette précisément l'idée d'un flux temporel objectif (*i. e.* indépendant des systèmes de référence). Par conséquent, pour celui qui exige ce type de représentation, il semble que la théorie favorise le rejet de tout flux temporel, c'est-à-dire une conception statique de l'univers.

Le second texte se trouve dans la seizième édition de *La Théorie de la relativité restreinte et générale*[49], publiée en 1954 :

> « Mais d'après la Théorie de la relativité restreinte, il en est autrement. L'ensemble des événements, qui sont simultanés à un événement envisagé, existe certes relativement à un système d'inertie déterminé, mais non pas indépendamment du choix d'un tel système. Le continuum à quatre dimensions ne se divise plus objectivement en coupes qui contiennent tous les événements simultanés ; le "maintenant" perd pour le monde qui s'étend dans l'espace sa signification objective. De là vient qu'on est obligé de concevoir objectivement l'espace et le temps comme un continuum à quatre dimensions indissolubles, si l'on veut exprimer le contenu des relations objectives sans avoir recours à des procédés arbitraires et conventionnels superflus[50]. »
>
> « Et comme il n'y a plus dans cette structure à quatre dimensions de coupes qui représentent objectivement le "maintenant", la notion du devenir ne disparaît certes pas complètement, mais devient cependant compliquée. Il paraît, par conséquent, plus naturel de se repré-

48 - Einstein et Infeld (1983), *op. cit. in* n. 39, 194, 197. Texte original : « *a more convenient and more objective picture of reality* ». Cf. Einstein et Infeld (1938), *op. cit. in* n. 39, 206.

49 - Plus précisément dans l'appendice V ajouté à la seizième édition. Cf. Einstein (1996), *op. cit. in* n. 5, 517-534. Pour l'édition française : Einstein (1999), *op. cit. in* n. 5, 149-174.

50 - Einstein (1999), *op. cit. in* n. 5, 165.

senter la réalité physique comme un être à quatre dimensions au lieu de se la représenter comme on l'a fait jusqu'à présent, comme le *devenir* d'un être à trois dimensions[51]. »

Dans ce passage, ce que dit Einstein est très semblable à ce qu'il dit en 1938. Son raisonnement peut être présenté en trois temps : 1/ Dans la théorie de la relativité restreinte, l'espace et le temps forment un continuum à quatre dimensions indissolubles. 2/ Par conséquent, même si la relativité *n'exclut pas logiquement* la notion de devenir, c'est-à-dire de succession, elle rend la compréhension de cette notion compliquée. 3/ Par conséquent, il est « plus naturel », c'est-à-dire plus simple, de se représenter la réalité physique comme dénuée de succession.

L'expression « plus naturelle » ici fait écho à l'expression « plus commode et plus objective » du texte de 1938. Dans les deux textes, elle renvoie au besoin d'une représentation de la réalité physique qui ne soit pas totalement abstraite. Einstein dit donc que la représentation du temps comme succession, *quand le temps est uni à l'espace*, s'avère compliquée, pour ne pas dire impossible. Par opposition, sa représentation comme une certaine dimension de l'espace est plus simple. D'où la préférence que l'on peut avoir pour une conception spatiale du temps, c'est-à-dire une conception statique de la réalité physique.

Notons aussi l'utilisation de la distinction entre *être* (*Sein*) et *devenir* (*Werden*), qui fait écho au texte de 1918. L'idée que la réalité physique serait « un être à quatre dimensions » où rien ne devient correspond exactement à la thèse de l'univers-bloc.

Ainsi, en 1954, peu avant sa mort, la conclusion d'Einstein sur la nature du temps est la même qu'en 1918. Par contre, les raisons sont différentes. En 1918, son argument est *physique et mathématique* : il repose d'une part sur l'union de l'espace et du temps en relativité, d'autre part sur l'analogie formelle entre l'espace-temps de la relativité restreinte et l'espace euclidien. En 1954, son argument est *physique et philosophique*. Il repose toujours sur l'union

51 - Einstein (1999), *op. cit. in* n. 5, 167. Texte original : « *Da es in diesem vierdimensionalen Gebilde keine Schnitte mehr gibt, welche das "Jetz" objectiv repräsentieren, wird der Begriff des Geschehens und Werdens zwar nicht völlig aufgehoben, aber doch kompliziert. Es erscheint deshalb natürlicher, das physikalish Reale als ein vierdimensionales Sein zu denken statt wie bisher als das* Werden *eines dreidimensionalen Seins.* » Cf. Einstein (1996), *op. cit. in* n. 5, 529.

de l'espace et du temps en relativité. Mais au lieu d'invoquer, en outre, la découverte formelle de Minkowski, Einstein invoque le besoin d'une représentation de la réalité qui ne soit pas totalement abstraite. L'argument est en partie philosophique car il fait référence à la théorie de la connaissance et aux valeurs épistémiques.

Il semble d'ailleurs possible d'éclairer cet argument avec ce que nous savons des valeurs épistémiques d'Einstein. Comme l'explique Don Howard, Einstein défend une conception constructiviste et spéculative de la pensée[52], qui encourage à représenter la réalité par-delà le donné empirique (quoique en cohérence avec ce dernier), une conception finalement très opposée au positivisme[53]. Cela apparaît dès 1905, quand il cherche à prouver l'existence des atomes. Par ailleurs, Einstein défend aussi l'idée que la simplicité est un critère de choix entre des théories pour lesquelles l'expérience ne permet pas de trancher[54]. Or, en 1938 et 1954, l'argument d'Einstein en faveur de l'univers-bloc semble précisément respecter ces deux idées. D'une part, il s'agit de parvenir à une représentation de la réalité physique qui dépasse le donné empirique, au sens où elle vise à représenter l'espace et le temps au point de vue absolu (*i. e.* indépendamment de tout système de référence), là où ils sont indissolublement unis. D'autre part, parmi toutes les représentations possibles, il s'agit de parvenir à la plus simple : la plus « commode » (1938), la plus « naturelle » (1954).

Déterminisme et univers-bloc

Outre les ouvrages publiés par Einstein, des sources manuscrites et des témoignages confirment que celui-ci a bien défendu la conception de l'univers-bloc. Cependant, dans ces autres sources, il est autant question du déterminisme que de la relativité. Autrement dit, pour Einstein, le déterminisme a joué comme un argument supplémentaire en faveur de l'univers-bloc. Dans cette partie de l'article, nous voudrions expliquer en quoi, en soulignant, comme dans le cas de la relativité, la dimension à la fois scientifique et philosophique de l'argument.

52 - De la pensée en général, pas seulement scientifique.

53 - Don Howard, Einstein's philosophy of science, in *The Stanford encyclopedia of philosophy* (éd. 2015), URL : <http://plato.stanford.edu/archives/win2015/entries/einstein-philscience/>.

54 - *Ibid.*

Einstein semble avoir défendu le déterminisme, qu'il appelle aussi la « causalité[55] », tout au long de sa vie scientifique[56]. Plusieurs textes publiés, ainsi que des sources manuscrites[57], à différentes époques, l'attestent. Son déterminisme s'appuie en partie sur la science, du fait que, depuis la Renaissance, celle-ci est parvenue à mettre en évidence un ensemble de lois qui gouvernent les processus physiques[58]. Mais il est évident qu'il s'agit d'*une position plus philosophique que scientifique*, du fait qu'elle constitue une extrapolation considérable par rapport aux connaissances scientifiques effectives. Indépendamment du problème posé par la théorie quantique, qui conduit certains physiciens à mettre en cause le déterminisme, Einstein exprime ce point de vue à propos de la physique statistique, qui doit renoncer à décrire de manière exacte le comportement de tous les constituants microscopiques d'un système[59]. Il l'exprime aussi à propos de l'application des lois de la physique à la biologie[60]. Enfin, Einstein n'hésite pas à présenter lui-même son déterminisme comme une position philosophique inspirée par Spinoza[61], voire comme une position religieuse, au sens d'une croyance en des principes d'ordre (les lois) qui gouvernent l'univers :

> « Mais le savant, lui, convaincu de la loi de causalité de tout événement, déchiffre l'avenir et le passé soumis aux mêmes règles de nécessité et de déterminisme. [...] Sa religiosité consiste à s'étonner, à s'extasier devant l'harmonie des lois de la nature dévoilant une intelligence si supérieure que toutes les pensées humaines et toute leur ingéniosité ne peuvent révéler, face à elle, que leur néant dérisoire[62]. »

55 - Albert Einstein, La physique et les autres sciences (conférence faite à Cleveland en 1950), *in* Id. (1991), *op. cit. in* n. 1, 159.

56 - Cela ne signifie pas qu'Einstein voyait dans le déterminisme un dogme intangible. Voir sur ce point : Paty (1993), *op. cit. in* n. 18, 33. Christoph Lehner, Einstein's realism and his critique of quantum mechanics, *in* Michel Janssen & Christoph Lehner, *The Cambridge Companion to Einstein* (New York : Cambridge University Press, 2014), 308.

57 - Voir notamment : *Albert Einstein, Max Born, Hedwig Born : Correspondance, 1916-1955* (Paris : Seuil : 1972).

58 - Einstein (1950), *op. cit. in* n. 55, 159-160.

59 - *Ibid.*, 161. Voir quarante ans plus tôt, la même idée : Albert Einstein, Über das Boltzmann'sche Prinzip und einige unmittelbar aus demselben fliessende Folgerungen (1910), in *The Collected papers of Albert Einstein*, vol. 13 (Princeton : Princeton University Press, 1996), 12.

60 - Einstein (1950), *op. cit. in* n. 55, 162-163.

61 - Albert Einstein, Lettre à la Société Spinoza d'Amérique (1932), *in* Id. (1991), *op. cit. in* n. 1, 247.

62 - Albert Einstein, *Comment je vois le monde* (Paris : Flammarion, 1934) ; éd. remaniée (Paris : Seuil, 1979), 20.

Or Einstein établit un rapport entre déterminisme et univers-bloc. Cela apparaît clairement dans le témoignage de Karl Popper (1902-1994), qui rencontra Einstein en 1949 :

> « J'avais eu l'occasion de rencontrer Einstein avant cet exposé, la première fois grâce à Paul Oppenheim chez qui nous résidions. [...] Notre principal sujet de conversation fut l'indéterminisme. Je tentai de le persuader qu'il devait abandonner son déterminisme, c'est-à-dire l'idée que le monde était un bloc parménidien à quatre dimensions, dans lequel le changement était une illusion humaine, ou quelque chose de ce genre. (Il admit que telle avait été sa vision du monde, et pendant notre discussion je l'appelai "Parménide".) [63] »

À l'époque, Popper est surtout connu pour les idées épistémologiques défendues dans *La Logique de la découverte scientifique* (1934), notamment pour sa critique du positivisme : l'affirmation qu'un des buts de la science est d'expliquer les phénomènes, et que les théories scientifiques sont des créations libres de l'esprit humain (quoique soumises au contrôle de l'expérience et au critère de la simplicité). Popper a développé ces idées en s'inspirant de la révolution scientifique opérée par Einstein [64], et ce dernier les partage largement [65]. Mais dès cette époque, Popper s'intéresse aussi à des questions métaphysiques [66], et une partie importante de son entretien avec Einstein porte sur la question de l'univers-bloc. Dans les deux dernières parties de l'article, nous reviendrons sur les arguments qu'il développe contre la position d'Einstein.

Le rapport entre déterminisme et univers-bloc apparaît aussi dans des lettres écrites par Einstein. Ainsi, sollicité par une correspondante de Chicago, Ruth Levitova, qui lui demande si le passage du temps est irréel [67], Einstein lui répond que cette

63 - Karl Popper, *La Quête inachevée* (Paris : Calmann-Lévy, 1981), 185-186.

64 - *Ibid.*, chap. XVI, 117.

65 - Voir notamment la lettre d'Einstein à Popper, de 1935, publiée dans *La Logique de la découverte scientifique* (Paris : Payot, 1973), 469. Voir aussi ce que dit Popper lui-même : Popper (1981), *op. cit. in* n. 63, 189.

66 - Sur ce point aussi, Popper s'oppose au positivisme. Voir notamment Popper (1981), *op. cit. in* n. 63, 115-116.

67 - Einstein (1991), *op. cit. in* n. 1, 117.

conception est la seule possible au point de vue de la physique, pour deux raisons :

> « 1/ La physique ne connaît que différentes valeurs du temps, mais elle n'a pas de possibilité d'expression pour le "maintenant", pour le "passé" et le "futur".
> 2/ À supposer que, en dépit de la physique, on ajoute le "je-maintenant" (psychologiquement donné et impressionnant), il n'existe – conformément à la théorie de la relativité – aucune possibilité de faire correspondre univoquement un état présent du monde à ce "je-maintenant" [68]. »

Une autre lettre, envoyée en 1954 à une correspondante de Prague, Mme Liebaldt, dit quelque chose de similaire :

> « Ce que vous appelez l'esprit du monde, on pourrait l'appeler, plus modestement, le schéma de pensée d'un physicien. Ce schéma est aussi vieux que la physique elle-même, mais uniquement depuis la théorie de la relativité, il est entré plus clairement dans notre conscience. La pensée physique est une composition conceptuelle qui cherche à saisir comme unité le vécu de toutes les créatures dotées de sens et douées de pensées. Pour la créature, il existe un "ici" et un "maintenant", un passé, un futur, un "quelque part ailleurs". Dans la composition intersubjective, ces choses subjectives perdent leur caractère unique. La réalité physique est là comme un tapis à quatre dimensions, où il n'y a qu'un "être" et pas de "devenir". Ce que nous appelons la causalité n'est rien d'autre que les régularités structurelles de ce tapis. De plus, l'unidirectionnalité (la flèche) des phénomènes temporellement voisins n'est pas fondamentale, c'est-à-dire n'est pas due à ces lois, comme Boltzmann l'a déjà clairement compris [69]. »

Ce témoignage et ces lettres confirment d'abord qu'Einstein a bien défendu la conception de l'univers-bloc. Popper résume cette

68 - Albert Einstein, Lettre à Ruth Levitova (Princeton : communiquée par les Archives Einstein à Jérusalem, pièce 26.360, date inconnue, notre traduction). Texte original : « *1/ Die Physik kennt nur verschiedene Zeitwerte, hat aber keine Ausdrucksmoeglichkeit fuer das "Jetzt" und fuer "Vergangenheit" und "Zukunft". 2/ Selbst wenn man trotzdem der Physik das (psychologisch so eindrucksvoll gegebene) "Ich-Jetzt" hinzufuegt, so hat man doch nach der Relativitaetstheorie keine Moeglichkeit, diesem "Ich-Jetzt" einen gegenwaertigen Zustand der Welt irgendwie eindeutig entsprechen zu lassen.* »

69 - Albert Einstein, Lettre à Mme Liebaldt (Princeton : communiquée par les Archives Einstein à Jérusalem, pièce 15.129, 1954, notre traduction). Texte original : « *Was Sie den Weltgeist nennen, können wir auch bescheidener als das Gedankenschema der Physik bezeichnen. Dies Schema ist eigentlich so alt als die Physik selbst, aber es ist erst durch die Relativitätstheorie klarer ins Bewusstsein getreten. Das physikalische Denken*

conception en parlant d'« un bloc parménidien à quatre dimensions, dans lequel le changement [est] une illusion humaine », avec l'approbation d'Einstein. Et dans la seconde lettre, ce dernier utilise à nouveau la distinction entre *être* (*Sein*) et *devenir* (*Werden*) pour caractériser la réalité physique comme dénuée de devenir. Il compare aussi cette réalité à « un tapis à quatre dimensions », soit à quelque chose qui est d'emblée donné en totalité, par opposition à quelque chose qui se donnerait progressivement.

Mais surtout, ce témoignage et ces lettres précisent que, pour Einstein, la relativité n'est pas le seul argument en faveur de l'univers-bloc. Un autre argument semble aussi compter. Dans le témoignage de Popper, il s'agit clairement du déterminisme. Dans la première lettre, il s'agit du point 1/, qui semble faire allusion aux lois de la physique, dont la variable temps peut prendre différentes valeurs, mais qui ne permettent pas d'exprimer la différence entre passé, présent et futur. Or le concept de loi est central dans le déterminisme, puisque ce dernier peut se définir comme l'idée que les processus physiques sont intégralement soumis à des lois[70]. Dans la seconde lettre, Einstein parle du « schéma de pensée d'un physicien », « aussi vieux que la physique elle-même », et qui vise à saisir l'unité des expériences des différentes créatures sensibles, ou encore à connaître les « régularités structurelles » (causales) de la réalité physique. Par là, il semble faire allusion à l'idée que des lois gouvernent l'ensemble des processus physiques, soit à nouveau au déterminisme.

Cela dit, il reste à expliquer précisément le rapport entre déterminisme et univers-bloc, car s'il est vrai que, dans la conception déterministe, les lois de la nature sont immuables, la réalité physique, elle, apparaît bien comme changeante, comme soumise à la succession. Nous pensons donc que, dans les deux lettres, Einstein sous-

ist eine begriffliche Komposition, die das Erleben aller mit Sinnen und Denken ausgestattete Geschöpfe als Einheit zu erfassen sucht. Für das Geschöpf gibt es ein "hier" und ein "jetzt", eine Vergangenheit, eine Zukunft, ein "irgendwo anders". Bei der intersubjektiven Komposition verlieren diese subjektiven Dinge ihre Einmaligkeit. Die physikalische Realität liegt da wie ein vierdimensionaler Teppich, in dem es nur ein "Sein" und kein "Werden" gibt. Was wir Kausalität nennen, sind nur strukturelle Regelmässigkeiten dieses Teppichs. Auch die Einseitigkeit (Pfeil) des zeitartig Benachbarten ist nicht fundamental, d.h. nicht durch jene Gesetzlichkeit bedingt, wie es schon lange durch Boltzmann klar erfasst wurde. »

70 - Einstein (1950), *op. cit. in* n. 55, 159.

entend le point suivant : étant donné des lois qui gouvernent intégralement l'ensemble des processus physiques, l'existence d'un état donné de l'univers à t_0 entraîne la détermination intégrale d'un nombre indéfini d'autres états à t_1, t_2,..., et t_{-1}, t_{-2},..., en relation causale avec l'état à t_0. Autrement dit, dans la conception déterministe, l'existence d'un seul état physique de l'univers entraîne la détermination intégrale de tous les autres états, le « futur » et le « passé » perdant leur spécificité apparente par rapport au « présent ». Alors que le « futur » *apparaît* comme pas-encore-déterminé, et le « passé » comme n'étant-plus-déterminé, *en réalité,* « futur » et « passé » sont autant déterminés que le « présent », et donc, en un certain sens, autant réels. En résumé, au point de vue du déterminisme, le « maintenant » n'a pas de spécificité.

Dans les deux lettres, l'argument de la relativité en faveur de l'univers-bloc est présenté comme historiquement second par rapport à celui du déterminisme. Cependant, il est aussi présenté comme plus clair (notamment dans la seconde lettre), et donc en un sens comme plus convaincant, probablement parce qu'il engage une théorie scientifique précise et qu'il concerne directement le temps. Cela recoupe ce que disent Einstein et Infeld dans le texte de 1938 : en physique prérelativiste, la représentation statique de la réalité physique est permise, sans toutefois s'imposer. Mais avec la théorie de la relativité, elle tend à s'imposer.

Pour finir, remarquons que ce lien entre déterminisme et univers-bloc permet d'expliquer le mot d'Einstein à la famille de Michele Besso :

> « Voilà qu'il m'a de nouveau précédé de peu, en quittant ce monde étrange. Cela ne signifie rien. Pour nous, physiciens croyants, cette séparation entre passé, présent et avenir ne garde que la valeur d'une illusion, si tenace soit-elle[71]. »

Par-delà le souhait de tenir un propos réconfortant à la famille, Einstein semble résumer sa conception du monde en toute sincérité. La croyance des physiciens à laquelle il fait allusion correspond, semble-t-il, à ce qu'il appelle parfois la « religiosité » du savant (voir la citation plus haut), et qui consiste à penser que l'univers est intégralement ordonné par des lois. Comme nous

71 - Einstein, Lettre citée *in* n. 1.

l'avons expliqué, cette croyance conduit à penser que la succession temporelle n'est qu'une illusion, malgré l'impression psychologique que nous avons.

Univers-bloc et temps physique

L'idée d'univers-bloc soulève plusieurs objections dont certaines ont été adressées à Einstein par divers interlocuteurs. Dans cette partie, nous nous intéresserons aux objections fondées sur la considération du temps physique, par opposition au temps psychologique, qui sera l'objet de la partie suivante.

Une première interrogation concerne la compatibilité entre univers-bloc et relativité générale. Comme nous l'avons vu, Einstein défend l'univers-bloc en s'appuyant sur la théorie de la relativité restreinte, plus précisément sur la présentation qu'en donne Minkowski en 1908. Le point fondamental est alors que le temps n'est pas indépendant de l'espace, qu'il constitue avec lui un continuum à quatre dimensions. Cependant, la théorie de la relativité générale apporte une idée nouvelle : l'idée que ce continuum présente une courbure, et que cette courbure dépend du contenu matériel de l'univers (*i. e.* de la distribution de l'énergie dans l'univers). En ce sens, l'espace-temps est maintenant conçu de manière dynamique, car sa courbure varie avec la variation de la distribution d'énergie dans l'univers. Cela semble donc contredire l'idée d'univers-bloc, qu'Einstein et Infeld présentent comme une « représentation statique » du mouvement.

Cependant, la contradiction n'est qu'apparente car, au point de vue de l'univers-bloc, il est possible d'interpréter *de manière statique* cette dynamique entre espace-temps et énergie. Comme dans le cas du mouvement en relativité restreinte, une telle interprétation ne consiste pas à nier la réalité physique, ici les relations fonctionnelles entre espace-temps et énergie, mais à en avoir une représentation statique. Autrement dit, dans cette représentation, le formalisme mathématique qui décrit ces relations reste le même. Ce qui est rejeté est seulement l'idée que ces relations se déroulent objectivement de manière successive, c'est-à-dire avec un maintenant continuellement changeant.

Par ailleurs, comme dans le cas du mouvement en relativité restreinte, cette représentation est justifiée par le fait que la relativité générale ne remet pas en question les deux points qui, selon Einstein, sont favorables à l'idée d'univers-bloc : la non-indépendance du temps par rapport à l'espace et le déterminisme. La relativité générale est une théorie relativiste de la gravitation. Malgré sa nouveauté incontestable, elle assume donc les apports de la relativité restreinte, s'agissant notamment du rapport entre temps et espace. Einstein souligne ce point dans sa lettre à Schlick de 1915 : en relativité générale comme en relativité restreinte, l'univers est conçu comme un continuum quadridimensionnel[72]. De plus, nous avons vu qu'Einstein défend l'univers-bloc bien après l'élaboration de la relativité générale.

Une seconde objection concerne *le temps cosmique*, c'est-à-dire le temps de l'univers considéré globalement. Comme la relativité générale affirme que la structure de l'espace-temps dépend du contenu matériel de l'univers, elle conduit à penser l'espace-temps dans le cadre de la cosmologie, avec l'introduction de la notion de temps cosmique. Faut-il en conclure que ce temps cosmique est absolu, *i. e.* séparé de l'espace et indépendant de tout référentiel ? Nous allons voir que non.

Einstein introduit la notion de temps cosmique en 1917, dans un article considéré comme « le premier pas vers la cosmologie théorique moderne[73] ». Son but est alors de proposer un modèle d'univers basé sur la relativité générale, mais qui respecte aussi le principe de Mach – qui stipule que l'inertie d'un corps s'explique par les masses qui l'environnent, et non par l'espace[74]. Dans cet article, Einstein fait l'hypothèse que l'univers est spatialement clos, homogène et statique[75]. Et il introduit la notion de temps cosmique au sens où il distingue des sections spatiales de l'univers à différents moments[76]. Cette notion peut sembler contredire l'idée d'univers-bloc car elle conduit à envisager un temps global

72 - Voir plus haut.

73 - Christopher Smeenk, Einstein's role in the creation of relativistic cosmology, *in* Janssen & Lehner (2014), *op. cit. in* n. 56, 228. L'article en question est : Kosmologische Betrachtungen zur allgemeinen Relativitätstheorie. Cf. *CPAE*, vol. 6, doc. 43. Pour l'édition française, nous nous référons à : Einstein (1993), *op. cit. in* n. 38, 88-98.

74 - Einstein (1993), *op. cit. in* n. 38, 91.

75 - *Ibid.*, 93-94.

76 - *Ibid.*

de l'univers, comme s'il s'agissait d'un temps absolu, *i. e.* indépendant de tout référentiel. Cependant, il n'en est rien. En réalité, le temps cosmique est le temps d'un référentiel déterminé, choisi de manière conventionnelle. Dans l'article, il s'agit du référentiel « par rapport auquel la matière peut être considérée comme étant en repos d'une manière permanente[77] ». Le choix d'un autre ensemble de référentiels conduirait donc à une mesure différente du temps cosmique. Par conséquent, cette notion ne met pas en cause *la réalité physique du continuum d'espace-temps*, qui constitue l'argument principal d'Einstein en faveur de l'univers-bloc.

Suite à la découverte de l'expansion des galaxies par Edwin Hubble (1929), l'idée d'un univers dynamique remplace progressivement celle d'un univers statique, une idée adoptée par Einstein à partir de 1931[78]. Pour un tel modèle d'univers, le temps cosmique peut toujours être pensé comme le temps d'un ensemble de référentiels déterminés, notamment les référentiels en repos par rapport au rayonnement de fond cosmologique, et donc par rapport à l'expansion de l'univers[79].

Une troisième objection concerne *l'irréversibilité des processus physiques*. Elle peut se résumer comme suit : de fait, il existe une direction constante des processus physiques vers plus d'entropie, exprimée par le second principe de la thermodynamique. Une telle direction peut passer pour nécessaire, comme si elle était la conséquence de l'action de forces spécifiques. Or l'idée d'une direction nécessaire des processus physiques conduit à penser que la causalité n'existe que dans un seul sens, d'un état physique A (comme cause) vers un état physique B (comme effet). Par opposition, dans un univers sans changement, où « passé », « présent » et « futur » coexistent, la causalité doit pouvoir se concevoir dans les deux sens, conformément aux lois de la mécanique : de A vers B, mais aussi de B vers A.

Sollicité par Michele Besso à propos d'une éventuelle tension entre l'irréversibilité des processus physiques et l'irréalité du

77 - Einstein (1993), *op. cit. in* n. 38, 93-94.
78 - Smeenk (2014), *op. cit. in* n. 73, 257.
79 - Cf. Derek Raine, Red Thomas, *An introduction to the science of cosmology* (Bristol : Institute of Physics Publishing, 2001), 70-71.

changement (appuyée sur la théorie de la relativité), Einstein fait la réponse suivante, dans une lettre écrite en 1953 :

> « Mais tout le problème de l'explication de la flèche du temps n'a rien à voir avec le problème de la relativité. Imagine que l'on ait filmé le mouvement brownien d'une particule et que l'on ait conservé les images dans leur suite chronologique correcte, pour ce qui concerne le voisinage des images ; seulement, on a oublié de noter si la suite temporelle correcte va de A à Z, ou bien de Z à A. L'homme le plus malin sera incapable de trouver la flèche du temps à partir de tout ce matériel. Résultat : ce qui se passe en état d'équilibre thermodynamique ne renferme en tout cas aucune flèche du temps. [...] Ce qui, dans le cas de la diffusion, vient s'ajouter au processus dépourvu de flèche du mouvement brownien, est uniquement le fait que ce processus de diffusion est lié à un état initial qui – considéré *sub specie aeternitatis* – est extrêmement improbable, c'est-à-dire qu'il est caractérisé par une faible valeur de l'entropie de la condition initiale. Je pense qu'il en est ainsi dans tous les cas, c'est-à-dire que la flèche du temps est complètement liée aux conditions thermodynamiques [80]. »

Sa réponse consiste à dire que la direction constante des processus physiques vers plus d'entropie (dans le texte, « la flèche du temps ») n'est nullement nécessaire. Cette direction tient seulement « aux conditions thermodynamiques », c'est-à-dire aux conditions physiques initiales du système considéré, à savoir une faible valeur de l'entropie de ce système. Autrement dit, l'unidirectionnalité des processus physiques est contingente, et ces derniers sont en droit réversibles.

En 1954, dans sa lettre à Mme Liebaldt, Einstein mentionne brièvement la même idée. Il précise alors qu'il se réfère aux travaux de Boltzmann en physique statistique : « De plus, l'unidirectionnalité (la flèche) des phénomènes temporellement voisins n'est pas fondamentale, c'est-à-dire n'est pas due à ces lois, comme Boltzmann l'a déjà clairement compris [81]. »

Puisque la physique ne contredit pas la possibilité de processus réversibles, rien n'empêche de concevoir la causalité dans un double sens : d'un état physique A vers un état physique B, et

80 - Albert Einstein, Lettre à Besso du 29 juin 1953, *in* Albert Einstein, Michele Besso, *Correspondance : 1903-1955* (Paris : Hermann, 1979), 291-292.

81 - Voir la citation complète plus haut.

vice versa. Ainsi, dans sa lettre à Mme Liebaldt, Einstein compare la réalité physique à un tapis et écrit que « ce que nous appelons la causalité n'est rien d'autre que les régularités structurelles de ce tapis[82] ». Dans ce cas, la causalité n'est plus la production d'un état B par un état A, ni même la succession régulière des états A et B. Elle se réduit à la répétition d'un certain motif A-B au sein d'une réalité immuable. Ce motif, par lui-même, ne possède aucun sens.

Une quatrième objection concerne *l'évolution biologique*. Dès lors que les êtres vivants sont des systèmes physiques, elle touche à la question du temps physique. Popper développe cette objection contre Einstein lors de leur rencontre en 1949. Elle consiste à affirmer qu'il existe une tension entre évolution et déterminisme, donc entre évolution et univers-bloc : « Si Dieu avait voulu tout mettre dans le monde dès le commencement, il aurait créé un univers sans changement, sans organismes et sans évolution, sans l'homme et sans l'expérience humaine du changement[83]. »

Lors de l'entretien, Einstein semble admettre l'existence d'une telle tension. Une lettre de 1951 à son ami Hans Mühsam, médecin de profession, confirme cette vue :

> « Dans votre dernière lettre, j'ai à nouveau remarqué que les deux *leitmotive* de la science moderne, causalité et pensée de l'évolution, s'ils ne s'excluent logiquement, n'en sont pas moins difficilement conciliables. La causalité suggère que, en principe, il n'y a rien de nouveau et que toute évolution est fixée par la loi élémentaire ; tandis que la pensée de l'évolution suggère qu'à tout moment des formes et des comportements nouveaux apparaissent[84]. »

82 - Voir la citation complète plus haut.
83 - Popper (1981), *op. cit. in* n. 63, 187-188.
84 - Albert Einstein, Lettre à Hans Mühsam (Princeton : communiquée par les Archives Einstein à Jérusalem, pièce 38.409, 1951, notre traduction). Texte original : « *Bei Ihrem letzten Brief ist mir wieder aufgefallen, dass die beiden Leitmotive der modernen Wissenschaft : Kausalität und Entwicklungsgedanke, einander zwar nicht logisch ausschliessen, aber doch schlecht zusammenpassen. Die Kausalität legt den Gedanken nahe, dass es im Prinzip nichts Neues gibt, sondern alle Entwicklung im Elementargesetz steckt, während der Entwicklungsgedanke die Auffassung nahelegt, dass unausgesetzt prinzipiel neue Formen und Verhaltungsweisen entstehen.* »

Cependant, comme Einstein le précise dans la lettre, une tension n'est pas une contradiction. De plus, cette tension pourrait s'expliquer par le fait que nous pensons spontanément que les êtres vivants font l'expérience de la succession. Le fond de l'objection aurait donc un rapport avec le temps psychologique.

Univers-bloc et temps psychologique

L'idée d'univers-bloc soulève aussi un ensemble d'objections fondées sur la considération du temps psychologique. Ces objections ont été développées par deux interlocuteurs d'Einstein, Henri Bergson (1859-1941) et Karl Popper.

Au cours des années 1910, la diffusion des idées d'Einstein auprès des philosophes en France est rapide, en particulier grâce au travail de Paul Langevin. Bergson s'y intéresse évidemment, car l'ensemble de sa philosophie est fondée sur une certaine conception du temps. En 1922, il consacre un ouvrage entier à la théorie de la relativité : *Durée et simultanéité*[85]. Or, dans cet ouvrage, son raisonnement est strictement inverse à celui d'Einstein. 1/ Bergson part du temps psychologique : chacun fait l'expérience du flux de sa conscience, avec son caractère de succession. 2/ De là, il fait l'hypothèse d'un temps physique lui-même conçu comme un flux : dès lors que nos perceptions du monde physique sont caractérisées par la succession, il semble raisonnable de penser que ce monde lui-même est caractérisé par la succession. Notons cependant que cette hypothèse revient à admettre *une différence de nature entre temps et espace*, c'est-à-dire entre succession et extension matérielle. C'est là le point central du raisonnement. 3/ De là, il rejette comme impossible toute « union » de temps et d'espace, c'est-à-dire la réalité du continuum d'espace-temps (et donc l'univers-bloc). 4/ De là enfin, il conclut à l'existence d'une simultanéité absolue, c'est-à-dire indépendante des référentiels. Autrement dit, pour Bergson, le concept de simultanéité absolue prend sens indépendamment de toute mesure, du fait de la différence qualitative entre temps et espace[86]. Et les règles de synchronisation des horloges en relati-

85 - Henri Bergson, *Durée et simultanéité* [1922] (Paris : Presses Universitaires de France, 2009).

86 - Il s'agit là, surtout, du résumé du chapitre III du livre. Une large partie de l'ouvrage est aussi consacrée au « paradoxe des jumeaux », partie dans laquelle Bergson commet une erreur à propos de la théorie de la relativité.

vité, ainsi que le concept d'espace-temps développé par Minkowski, ne disent rien de la nature du temps physique réel : ils ont essentiellement un sens pratique[87].

En 1922 encore, peu avant la parution du livre, Bergson expose une partie de ses vues à la Société française de philosophie, en présence d'Einstein. En substance, ce dernier répond que le concept de simultanéité est une création de l'esprit humain qui implique *la prise en compte de mesures*. Par conséquent, la seule expérience qualitative de la succession ne permet pas de dire ce qu'est le temps physique : « Il n'y a donc pas un temps des philosophes ; il n'y a qu'un temps psychologique différent du temps des physiciens[88]. »

Dans *Durée et simultanéité*, Bergson développe un deuxième argument, mais de manière plus discrète[89]. Cet argument est repris par Popper en 1949, lors de son entretien avec Einstein. En substance, il consiste à affirmer que l'idée d'univers-bloc ne permet pas de rendre compte du temps psychologique : d'une façon ou d'une autre, le défenseur de l'univers-bloc doit reconnaître que le monde physique *apparaît* à la conscience par tranches successives ; cela revient à admettre l'existence d'une succession au niveau psychologique, ce qui contredit l'idée d'univers-bloc[90].

Remarquons que cet argument s'attache à rejeter l'univers-bloc sans mettre en cause la conception relativiste de la simultanéité (contrairement au premier argument). Il consiste simplement à affirmer que la succession est un fait psychologique irréductible. Il semble avoir touché Einstein, si l'on en croit le témoignage de Rudolf Carnap (1891-1970) :

> « Une fois, Einstein dit que le problème du Maintenant l'ennuyait sérieusement. Il expliqua que l'expérience du Maintenant signifie quelque chose de spécial pour l'homme, quelque chose qui est essentiellement différent du passé et du futur, mais que cette différence importante ne se rencontre pas, et ne peut pas se rencontrer, en physique. Que cette expérience ne puisse pas être saisie par la science lui semblait l'objet d'une résignation douloureuse

87 - Bergson (2009), *op. cit. in* n. 85, 86-88, 167-169.
88 - Cf. Henri Bergson, Discussion avec Einstein, *Bulletin de la Société française de philosophie*, vol. 22 (1922), 102-113. Republié dans Bergson (2009), *op. cit. in* n. 85, 398.
89 - Bergson (2009), *op. cit. in* n. 85, 63-64.
90 - Popper (1981), *op. cit. in* n. 63, 186.

> mais inévitable. Je fis la remarque que tout ce qui se rencontre objectivement peut être décrit par la science ; d'un côté, la séquence temporelle des événements est décrite par la physique ; et, de l'autre côté, les particularités des expériences de l'homme au sujet du temps, incluant son attitude différente eu égard au passé, au présent et au futur, peuvent être décrites et (en principe) expliquées par la psychologie. Mais Einstein pensait que ces descriptions scientifiques ne peuvent pas satisfaire nos besoins humains ; qu'il y a quelque chose d'essentiel à propos du Maintenant qui réside en dehors du domaine de la science. Nous fûmes d'accord sur le fait qu'il n'était pas question d'un défaut dont on pût blâmer la science, comme Bergson le pensait[91] . »

Compte tenu des indications données par Carnap, cette discussion avec Einstein eut lieu entre 1952 et 1954, soit quelques années après la rencontre entre Popper et Einstein. Il est donc probable que ce dernier se souvenait des arguments développés par Popper contre l'univers-bloc.

Pour Carnap, le « maintenant » psychologique, c'est-à-dire l'expérience de la succession, pourrait être expliqué par la psychologie. Il faut cependant préciser : par une psychologie qui ne considère pas la succession comme un fait irréductible de la conscience ; probablement donc, par une psychologie réductible à la physique. Mais Einstein ne semble pas convaincu par cette idée. On peut supposer au moins deux raisons. La première est que la réduction de la psychologie à la physique est une position de principe en épistémologie : dans les faits, cette réduction n'existe pas. La seconde est que l'expérience de la succession apparaît comme un fait psychologique brut. Il s'agit du je-maintenant « psychologiquement donné et impressionnant », dont parle Einstein dans sa lettre à Ruth Levitova. Par conséquent, considérer cette expérience comme une simple illusion semble une hypothèse contre-intuitive et purement *ad hoc*.

Conclusion

Un ensemble de documents concordants (écrits publics, lettres, témoignages) conduisent à penser qu'Einstein a bien défendu la conception philosophique dite de l'univers-bloc. À plusieurs

91 - Rudolf Carnap, Carnap's intellectual biography, *in* Paul Arthur Schilpp, *The Philosophy of Rudolf Carnap* (Londres : Cambridge University Press, 1963), 37-38 (notre traduction).

reprises, il caractérise ainsi la réalité physique comme *un être* à quatre dimensions, par opposition au *devenir* d'un être à trois dimensions.

Einstein s'inspire largement de la physique pour fonder cette conception, mais sa démarche comporte aussi une part importante de spéculation. Ainsi, ses deux arguments sont le déterminisme et la théorie de la relativité. Mais, comme il le souligne lui-même, le déterminisme constitue une position plus philosophique que scientifique (quoique inspirée par la physique), et la relativité ne conduit pas nécessairement à l'univers-bloc. Reste une part d'interprétation, fondée sur des valeurs épistémiques qu'il est toujours possible de discuter : le besoin d'avoir une image de la réalité physique, c'est-à-dire une représentation de cette réalité qui ne se réduise pas à un ensemble d'équations ; le privilège accordé à la représentation la plus simple parmi plusieurs possibles (*i. e.* cohérentes avec l'expérience).

Einstein reconnaît aussi certaines difficultés posées par la conception de l'univers-bloc. Grâce au témoignage de Carnap, nous savons que, pour lui, la principale difficulté était sans doute liée au temps psychologique.

Dans le débat contemporain, du fait des enseignements de la théorie quantique, le déterminisme ne peut plus jouer comme un argument solide en faveur de l'univers-bloc. En revanche, en cohérence avec les vues d'Einstein, la théorie de la relativité constitue encore l'argument scientifique principal en faveur de cette conception [92].

92 - Steven Savitt, Being and becoming in modern physics, in *The Stanford encyclopedia of philosophy* (éd. 2014), URL : <http://plato.stanford.edu/archives/sum2014/entries/spacetime-bebecome/>.

ANALYSES D'OUVRAGES

Angela AXWORTHY, *Le Mathématicien renaissant et son savoir : Le statut des mathématiques selon Oronce Fine* (Paris : Classiques Garnier, 2016), 15 x 22 cm, 479 p., ill., 4 annexes, bibliogr., index nominum, index rerum, « Histoire et philosophie des sciences », 11.

Premier lecteur de mathématiques au Collège royal fondé par François Ier en 1530, Oronce Fine fut un des acteurs importants de la renaissance des mathématiques en France. Pourtant son œuvre mathématique n'a fait jusqu'ici l'objet que de très peu d'études, sans doute en raison de son caractère peu novateur. Angela Axworthy nous présente dans ce livre, issu de sa thèse, une analyse non pas des contenus mathématiques des ouvrages d'Oronce Fine, mais de sa conception des mathématiques, de ses objets, de ses démonstrations, de leur place dans la hiérarchie des savoirs, de leur utilité. Ainsi, Angela Axworthy explique qu'elle aborde l'œuvre mathématique d'Oronce Fine en historienne de la philosophie qui cherche à comprendre comment se sont développées les mathématiques à cette époque charnière, entre le Moyen Âge et l'Âge classique, où l'enseignement des mathématiques est encore balbutiant et où l'usage des outils mathématiques pour l'étude de la nature n'allait pas encore totalement de soi. La figure d'Oronce Fine est particulièrement intéressante car, du fait de sa fonction toute nouvelle au Collège royal, il se devait de défendre un enseignement autonome des mathématiques. Avant sa nomination, il l'avait fait dans une épître adressée à François Ier, l'*Epistre exhortative touchant la perfection & commodite des ars liberaulx mathematiques* (dont on trouve une transcription dans l'annexe 1 de l'ouvrage d'A. Axworthy), texte ayant pour but d'inciter le roi à créer une chaire royale de mathématiques ; il y vante les mérites et la dignité des mathématiques. Les préfaces de ses ouvrages lui offrent aussi une tribune pour développer ses arguments. Angela Axworthy se réfère ainsi à la préface de la *Protomathesis* (reproduite dans l'annexe 2), ouvrage composé de quatre traités, l'*Arithmetica pratica*, la *Geometria*, la *Cosmographia sive sphaera mundi*, soit un traité d'astronomie, et le *De solaribus horologiis et quadrantibus*, soit un traité de gnomonique (ces quatre traités présentant un programme d'enseignement complet des mathématiques), mais aussi à la préface de l'édition, par Fine, des six premiers livres des *Éléments* d'Euclide, pour ne citer que les principaux ouvrages (on trouve la liste des ouvrages de Fine dans l'annexe 4).

Le livre d'Angela Axworthy est divisé en deux grandes parties. Dans une première partie, elle étudie la nature et le statut du savoir mathématique selon Oronce Fine, s'intéressant au statut ontologique que celui-ci accorde aux objets mathématiques et aux arguments qu'il avance pour défendre la supériorité des mathématiques quant à la certitude de ses démonstrations (nous sommes ici quelques années avant les débats sur la certitude des démonstrations mathématiques qui agitèrent les philosophes et mathématiciens du XVIe siècle). Oronce Fine s'inspire alors des théories d'Aristote, de Platon et de Proclus, qu'il reprend en les adaptant au gré de son argumentation et du point de vue qu'il adopte, quitte à sembler parfois se contredire. Angela Axworthy fait alors preuve de beaucoup de finesse dans ses analyses pour donner une cohérence aux écrits de Fine.

La deuxième partie porte sur certaines branches particulières du savoir mathématique, soit l'astronomie, les mathématiques pratiques (l'arithmétique pratique, la géométrie pratique et la pratique musicale) et les mathématiques subalternes que sont, pour Fine, la perspective et la géographie. On doit noter ici comment Fine met sur le même plan la perspective, qui pour les médiévaux est un exemple de *scientia media*, et la géographie, qui se développe de son temps.

Particulièrement intéressantes sont les pages consacrées à la question du mouvement de la huitième sphère chez Fine et ses prédécesseurs, où Angela Axworthy fait preuve d'une remarquable analyse des sources et de l'historiographie sur le sujet, comme ailleurs dans le livre. Tout aussi intéressante est la sous-partie consacrée à la nature et la finalité des mathématiques pratiques, où Angela Axworthy renouvelle l'approche de ces questions. Elle y montre que, pour Fine, les aspects pratiques des mathématiques qu'il présente dans ses traités ne sont pas dirigés en priorité vers des applications immédiatement utiles aux artisans, aux techniciens, aux navigateurs, aux commerçants. Mais, comme elle l'écrit dans la conclusion de ce chapitre, Oronce Fine parle de mathématiques pratiques « dans la mesure où elles inciteraient à agir, à effectuer et à reproduire les gestes d'analyse et de calcul fondés en raison sur les propriétés énoncées au sein de l'enseignement théorique ».

Notons pour finir que, tout au long de son livre, Angela Axworthy propose des analyses fines et précises des conceptions de Fine sur les mathématiques en s'appuyant sur de larges extraits de textes qu'elle nous offre dans une traduction française élégante, lorsque ceux-ci sont en latin. Notons aussi qu'elle replace les réflexions d'Oronce Fine dans le temps long, exhibant ses sources le plus souvent non explicites, et montrant comment ces réflexions s'ancrent dans des débats qui remontent au Moyen Âge, voire au-delà.

La lecture de l'ouvrage d'Angela Axworthy est indispensable à tous ceux qui s'intéressent aux mathématiques de la Renaissance, à la diffusion de l'aristotélisme et du platonisme, et plus généralement à la philosophie des mathématiques, en donnant des grilles de lecture qui peuvent être reprises pour d'autres auteurs qui, comme Fine, se sont attelés à défendre un enseignement des mathématiques à la Renaissance.

Sabine ROMMEVAUX-TANI

Laurence BROCKLISS (éd.), *From provincial savant to Parisian naturalist : The recollections of Pierre-Joseph Amoreux (1741-1824).* Éd. et introd. de L. BROCKLISS (Oxford : Voltaire Foundation, 2017), 15,7 x 23,4 cm, XX-435 p., bibliogr., index, « Oxford University studies in the Enlightenment ».

Médecin de formation, naturaliste, agronome, bibliographe, collectionneur d'estampes et de tableaux, historien de la médecine, le Montpelliérain Pierre-Joseph Amoreux (1741-1824), dont Laurence Brockliss publie ici les *Souvenirs* inédits, n'est guère connu aujourd'hui que pour avoir décrit en 1789 une nouvelle espèce de scorpion (*Buthus occitanus*). Son dessin figure en couverture du livre. Au contraire d'autres savants provinciaux tels que les botanistes Jean-François Séguier ou Antoine Gouan, Amoreux n'est jamais devenu une figure importante de la république des lettres. Son père, médecin et naturaliste, fils lui-même d'un chirurgien, possesseur de belles collections et d'une riche bibliothèque, ami d'un grand nombre d'érudits, dont l'abbé Nollet, s'est pourtant employé très tôt à lui constituer un solide réseau de relations. Mais la Révolution, en même temps que le caractère indépendant d'Amoreux, ne lui ont pas permis d'appartenir à l'élite scientifique parisienne comme il en avait probablement l'ambition (sur ce point nous serions beaucoup moins affirmatif que Laurence Brockliss).

Pour celui-ci, qui fait précéder son édition commentée des *Souvenirs* d'une introduction (« The Republic of Letters and the French Revolution », p. 1-17) et d'une longue biographie intellectuelle du savant (« The Life and Work of Pierre-Joseph Amoreux », p. 19-108), la vie d'Amoreux offre la possibilité rare d'observer comment les savants provinciaux ont négocié la période révolutionnaire, d'étudier les bouleversements qu'elle a introduits dans leurs carrières et leurs visions du monde, et plus généralement de comprendre comment la république des lettres a réagi aux événements de cette période. Dans le cas d'Amoreux, l'« extravagante révolution » (p. 201), selon ses propres mots, détermine une puissante discontinuité dans sa vie. « [Q]uelle année [1789] malheureuse pour moi ! », s'exclame-t-il ainsi dans ses *Souvenirs* (p. 180). Les pages qu'il consacre à la façon dont il tente d'échapper aux convocations, aux réquisitions, mais aussi se plie aux demandes, témoignent de la tension extrême qui règne alors. Naturaliste de cabinet n'ayant pas le goût des herborisations, amateur de bibliographies, plutôt que savant de terrain, Amoreux consacre aussi beaucoup d'énergie à candidater avec des succès variables aux concours lancés par différentes académies et sociétés savantes en France et en Europe.

Outre la Révolution, les faits les plus marquants de la vie d'Amoreux, et auxquels il consacre plus de la moitié de ses *Souvenirs*, sont ses huit séjours à Paris – le quatrième de 1803 est de loin le plus intéressant pour l'histoire des sciences – lors desquels il rencontre les savants du Muséum (le géologue Faujas de Saint-Fond notamment) et de l'Académie des sciences, quand il ne court pas les marchands d'objets d'histoire naturelle (souvent des femmes). S'il n'est toujours demeuré qu'un « oiseau de passage » (p. 108), pour citer Laurence Brockliss, dans la vie intellectuelle parisienne, c'est qu'Amoreux n'a jamais souhaité entretenir un réseau de correspondance. Jaloux de sa liberté intellectuelle et de mouvement, ne voulant rien devoir à personne, mais un brin opportuniste dans ses relations avec autrui, il est « économe » de ses lettres (seules 383 lettres à/de 66 correspondants différents envoyées entre 1760 et 1817 nous sont parvenues). « [J]e fais très-peu de visites, ce que je regarde comme du temps perdu ; j'en reçois peu aussi, c'est du temps gagné », écrit-il froidement dans ses *Souvenirs* pour l'année 1817 (p. 361-362). Vite sujet au découragement, voire à l'abattement, Amoreux abandonne la médecine dès qu'il rencontre des difficultés avec ses confrères, refuse de devenir professeur à la nouvelle école de santé de Montpellier, mais accepte de l'être à l'école centrale de l'Hérault, plus par devoir que par véritable goût pour l'enseignement (il démissionne en 1800). Amoreux est davantage un spectateur qu'un acteur de la science de son temps qui, le reconnaît-il lui-même, n'est jamais entré à l'Institut « que comme étranger et curieux » (p. 296).

Compte tenu de la pauvreté de l'œuvre scientifique et de la vie intellectuelle d'Amoreux, de l'indigence littéraire de ses *Souvenirs* quasiment dénués de toute réflexion personnelle, était-il indispensable de les publier intégralement – au demeurant avec un certain nombre de coquilles –, chez un éditeur aussi prestigieux ? Nous ne le pensons pas, au regard de l'intérêt et de la qualité de tant d'autres témoignages laissés par des figures comparables (les naturalistes Léon Dufour ou Alfred Moquin-Tandon, par exemple). Ce livre ne vaut en définitive que par son introduction et la biographie, assez peu complaisante d'ailleurs (voir notamment p. 97-104), du savant montpelliérain, qu'y a placées Laurence Brockliss. Mais ces deux textes constituent un écrin bien grand pour y exposer les vicissitudes de l'existence morne et souvent pathétique d'un Pierre-Joseph Amoreux qui n'hésite pas à se comparer à Socrate.

Pascal DURIS

Lesley B. CORMACK, Steven A. WALTON, John A. SCHUSTER (éd.), *Mathematical practitioners and the transformation of natural knowledge in Early Modern Europe* (Cham, Suisse : Springer, 2017), 25 cm, XII-203 p., 1 ill. coul., 13 ill. n. et bl., bibliogr., « Studies in history and philosophy of science », 45.

Cet ouvrage collectif au titre ambitieux réunit, en trois parties, neuf contributions d'auteurs anglo-saxons et néerlandais sur le thème des mathématiques pratiques. Dans une introduction qui déborde largement sur le premier chapitre, la coordinatrice du projet, Lesley B. Cormack, présente les enjeux de recherche actuels autour de cette notion. Ce texte constitue une très bonne ressource pour qui cherche une introduction à l'usage de la sociologie des sciences, d'Edgar Zilsel à Boris Hessen, pour la période moderne.

Une vague de travaux a récemment cherché à amender ou réhabiliter la thèse d'Edgar Zilsel (1891-1944), pour qui les « artisans supérieurs » avaient joué un rôle crucial dans l'émergence des sciences modernes. Une question centrale de l'ouvrage est donc de considérer les *mathematical practitioners* comme acteurs de premier plan d'une transformation des sciences naturelles à l'époque moderne, sans chercher à proposer une définition extensive des mathématiques pratiques ou de leurs acteurs.

Les contributeurs insistent sur la variété des pratiques et des contextes, de la fabrication d'instruments d'optique à la balistique. En l'absence de conclusion, il est difficile de discerner dans cet ouvrage une unité méthodologique. La question des liens entre mathématiques et sciences naturelles passe d'ailleurs rapidement au second plan, car l'intérêt de l'ouvrage réside ailleurs. Son point fort est probablement d'avoir réuni, tout au long des neuf chapitres, des exemples variés sur les pratiques mathématiques de l'époque moderne – même si l'on pourra regretter que la littérature francophone sur le sujet soit peu prise en compte.

La seconde partie, intitulée « *What did practitioners look like ?* », est la plus riche de l'ouvrage. L. Cormack y présente en détail la communauté des mathématiques pratiques londoniennes du XVIe siècle. Poursuivant des travaux antérieurs, elle formule l'hypothèse selon laquelle la culture scientifique des *coffee houses* du siècle suivant aurait été préparée par une intense culture des mathématiques pratiques. L'auteur y décrit les cours de mathématiques populaires ainsi que le rôle central des facteurs d'instruments, dont les ateliers étaient d'importants lieux de sociabilité où la distinction entre artisans et savants pouvait s'estomper. À rebours de l'introduction de l'ouvrage, l'auteure conclut fort justement que les travaux majeurs des *mathematical practitioners* ne cherchaient pas à bouleverser l'interprétation philosophique de la nature : « La plupart d'entre eux étaient heureux de laisser d'autres philosopher et de se concentrer sur les améliorations concrètes qu'ils pouvaient apporter à l'aide de ces connaissances et instruments mathématiques. »

Le cinquième chapitre propose une étude des mathématiciens pratiques actifs dans l'armée anglaise du XVIe siècle. L'auteur propose un résumé précis des interprétations et de la bibliographie sur le sujet. Il suit en outre une méthode rigoureuse en cherchant à étudier ces acteurs pour eux-mêmes, et non du point de vue des disciplines scientifiques ou des témoignages des savants contemporains. À travers l'exemple de l'artilleur Edmund Parker († 1602), il montre l'importance d'acteurs dont les écrits mathématiques n'ont jamais été publiés, ainsi que la reconnaissance politique dont ils bénéficiaient de leur vivant.

Le dernier chapitre s'intéresse aux Provinces-Unies et à l'évolution de la *Duytsche Mathematique* au XVIIe siècle. L'auteur présente de manière habile le milieu des mathématiques pratiques en Hollande et en Frise. Il rend ainsi palpable le climat spécifique de ces provinces où les mathématiques pratiques étaient non seulement liées aux pouvoirs politiques, mais aussi souvent pratiquées conjointement à ceux-ci.

D'autres chapitres sont plus anecdotiques. Le sixième, qui porte sur le thème pourtant intéressant des machines et instruments, est malheureusement assez superficiel. L'étude de Descartes (chapitre 3) se propose de critiquer le concept même de mathématiques pratiques. Il était certainement pertinent d'inclure dans ce volume une dimension critique et réflexive, mais cette contribution se borne essentiellement à répéter des travaux précédents de l'auteur.

En résumé, le lecteur devrait ne pas prêter trop d'importance au titre de l'ouvrage et laisser de côté les questions métaphysiques qu'il entend poser. Il trouvera alors une réflexion stimulante sur la diversité des sciences mathématiques de cette époque, dans des études de cas riches et intéressantes. La principale qualité de cet ouvrage est ainsi, paradoxalement, de montrer l'intérêt d'une étude des mathématiques pratiques pour elles-mêmes.

Thomas MOREL

Luc FOISNEAU (dir.), *Dictionnaire des philosophes français du xviie siècle : Acteurs et réseaux du savoir*, avec la collab. d'Élisabeth DUTARTRE-MICHAUT et de Christian BACHELIER, traductions de Delphine BELLIS, Luc FOISNEAU et Claire GALLIEN (Paris : Classiques Garnier, 2015), 25 cm, 2 138 p., bibliogr., index (345 p.).

Le *Dictionnaire des philosophes français du XVIIe siècle* constitue une édition traduite et augmentée du *Dictionary of seventeenth-century French philosophers* publié par Luc Foisneau en 2008 chez Thoemmes Press (108 entrées en plus des 585 de l'édition anglaise). Le caractère remarquable de cette entreprise éditoriale se mesure à trois décisions d'importance explicitées dans l'avant-propos et dans les huit brèves introductions thématiques qui précèdent le dictionnaire proprement dit et en livrent les intentions : qu'il s'agisse de traiter des cartésiens français (Emmanuel Faye), des philosophies et théologies scolastiques (Jacob Schmutz), des libertins ou esprits forts (Isabelle Moreau), de la pensée clandestine (Gianni Paganini), des sciences (Philippe Hamou), des théories des arts (Carole Talon-Hugon), des controverses religieuses dans le cadre de la naissance de la république des lettres (Antony McKenna) ou des lieux de sociabilité et de pratiques philosophiques (Stéphane Van Damme), le projet du dictionnaire est de proposer un autre visage et de nouveaux instruments d'interprétation du long XVIIe siècle français (et non de sa réduction au « siècle de Louis XIV »).

Ces trois décisions peuvent se résumer en ces termes :

1/ « provincialiser » Descartes ou plutôt le replacer dans le large et riche foisonnement de l'activité scientifique du siècle et réévaluer, grâce à cela, une certaine idée de la science moderne qui a longtemps semblé être irrémédiablement associée au cartésianisme. Il s'agit ainsi de faire droit à une conception large du travail philosophique qui ne présuppose pas un partage disciplinaire en réalité bien souvent introuvable chez les auteurs de cette époque. Cela suppose de rappeler l'importance de la diffusion des idées de Galilée en France grâce à Pierre Gassendi et Nicolas-Claude Fabri de Peiresc, la place faite à l'expérimentation en physique via Marin Mersenne, le rôle joué par les travaux de Pascal (statique des fluides, méthode de projection conique et « géométrie du hasard ») ou Christian Huygens (en mécanique), mais aussi la présence des théories corpusculaires de la matière, ou encore de relever la place de la dissection dans la recherche anatomique. Mais il s'agit également de montrer comment l'activité scientifique se meut entre cabinets de curiosité, assemblées savantes, académies privées avant la création de l'Académie royale des sciences de Paris en 1666, correspondances et journaux savants (au premier titre desquels le *Journal des sçavans*), ce qui n'est sans doute pas le moindre des mérites de cette entreprise éditoriale ;

2/ avoir un souci rare de la mise en *contextes* des textes et des auteurs : que ce soit sur *les réceptions* de Descartes, ou sur le milieu académique du XVIIe siècle, l'essor des collèges et les rapports complexes aux universités bien souvent en phase avec une théologie gallicane, ou encore sur les manières dont les enjeux théologiques traversent et construisent les clivages philosophiques entre jansénistes, jésuites, dominicains ou franciscains (autour des interprétations de la transsubstantiation dans son rapport conflictuel ou non à la physique nouvelle de Descartes ; autour de ce que la tolérance religieuse ouvre comme espaces interprétatifs du rapport entre grâce et libre-arbitre ou de la querelle des principes en métaphysique – qui met en scène l'opposition entre principes cartésiens et scolastiques). Le *Dictionnaire* s'emploie, également, à montrer l'importance de la pensée subversive en faisant droit aux textes des « libertins érudits » et à la rhétorique philosophique qu'ils déploient, en indiquant comment ils promeuvent une naturalisation des phénomènes jusqu'alors considérés comme surnaturels afin de montrer l'importance de la tradition italienne de la Renaissance sur ces questions et de mettre en évidence la portée de la pensée de Gassendi comme une alternative au mécanisme cartésien. S'imposant dans l'espace intellectuel comme tenant de positions philosophiques opposées à une représentation du monde théocentrée (p. 57), le libertinage critique élabore le cadre théorique permettant d'interroger la pertinence de l'idée de certitude scientifique. La place faite à la pensée clandestine ou hétérodoxe, qu'elle prenne la forme de la religion naturelle, du déisme ou du panthéisme, permet d'identifier l'un des territoires d'élaboration de certaines idées des Lumières du XVIIIe siècle ;

3/ redonner toute sa place aux querelles dans l'activité philosophique et scientifique du XVIIe siècle et mettre cette dernière en relation avec la violence politique et religieuse qui règne à cette époque afin de comprendre ce que signifie la naissance de la république des lettres. Ainsi, la dispute entre catholiques et protestants, décuplée par la révocation de l'édit de Nantes (qui fera des réseaux de huguenots réfugiés et des circuits de publication des écrits clandestins un haut lieu d'audace philosophique) conduit un Pierre Bayle à mettre en échec la théologie rationaliste et à créer avec son *Dictionnaire historique et critique* un espace de controverses qui deviendra un modèle de débat intellectuel « où l'on ne reconnaît que l'empire de la vérité et de la raison » (p. 83).

Autant de choix qui permettent de faire de ce *Dictionnaire* un instrument précieux pour les historiens des sciences de l'Âge classique. Ainsi, pour ne donner que quelques exemples éloquents, le dictionnaire comporte naturellement un certain nombre d'entrées qui rendent compte des différentes interprétations de la pensée de Descartes, mais également une entrée Cyrano sur la matière, une entrée Molière qui rappelle qu'il fut proche de Gassendi, des entrées consacrées à François de La Mothe Le Vayer et à Gabriel Naudé qui font une place à la tradition libertine ou enfin quelques entrées consacrées à des femmes philosophes qui prennent dès le XVIIe siècle le contrepied de la caricature des femmes savantes : que l'on pense à la marquise de Lambert.

Pour conclure, ce *Dictionnaire* est un outil indispensable pour ceux qui s'intéressent au XVIIe siècle et travaillent sur cette époque car il est la réalisation très réussie d'un projet ambitieux remarquable : proposer une nouvelle lecture plurielle et contextuelle exigeante de l'activité philosophique et scientifique du XVIIe siècle.

Anne-Lise REY

Mirella FORTINO (dir.), *Pierre Duhem : Verità, ragione e metodo, 1916-2016* (Canterano : Aracne ed., 2017), 14 x 21 cm, 264 p., « Duhemiana », 3.

L'année 2016, qui marquait le centenaire de la mort de Pierre Duhem, a vu la publication de plusieurs ouvrages consacrés à ce savant à la personnalité complexe. Il serait dommage que le présent livre, qui contient de courts essais rassemblés par Mirella Fortino et qui est publié dans la collection « Duhemiana » qu'elle a créée, ne soit pas considéré en France avec le sérieux qu'il mérite. Sa relative brièveté, le fait que la plupart des chapitres soient en italien, et le fait que les auteurs des quatre chapitres en français aient souvent commenté Duhem dans leurs travaux par le passé, lui font en effet courir un risque : que les lecteurs français ne l'imaginent offrir qu'un survol du corpus duhémien à l'usage de leurs homologues transalpins. Cela serait une erreur à au moins deux titres. En premier lieu, l'ensemble conçu par Mirella Fortino ne manque pas d'originalité *sui generis*. Loin de survoler l'ensemble de la production duhémienne, ce livre se concentre sur un angle d'approche très spécifique de cette production : la détermination du type de vérité que, selon Duhem, la science est susceptible de nous révéler. Une particularité du très catholique Duhem dans le contexte scientifique du tournant des XIXe et XXe siècles est en effet d'avoir à la fois :

1/ écarté toute position sceptique vis-à-vis de la science et

2/ refusé toute prétention de cette dernière à déborder sur le domaine réservé à la foi religieuse : la science ne saurait accéder à une dimension métaphysique lui permettant de dévoiler l'essence du monde.

Si ce positionnement amena çà et là Duhem à des conclusions fortement discutables ou même intenables, il mérite cependant d'être examiné avec attention car il a su questionner avec acuité ce que la science moderne peut nous enseigner. L'autre raison d'accueillir avec intérêt ce livre italien, c'est que le centenaire de 2016 nous a montré que Duhem était toujours un personnage assez controversé sur la scène académique française, de par ses engagements sociaux et politiques et certaines rigidités doctrinales sans nuances. Il est donc particulièrement utile d'aller chercher un peu de réflexion apaisée hors des frontières de l'hexagone, et il me semble que c'est une mission que le présent volume peut remplir.

Le livre, d'une facture soignée, est composé de neuf chapitres qui sont complétés par une retranscription du texte de Duhem « Recherches sur l'histoire des théories physiques » (et sa traduction italienne par Mirella Fortino) ainsi que par une introduction de Roberto Maiocchi. Ce dernier présente de manière synthétique les chapitres du livre en les positionnant dans une trame chronologique. C'est là une clarification bienvenue car un reproche qu'on peut faire au choix éditorial de Mirella Fortino est d'avoir opté pour l'ordre alphabétique des noms d'auteurs pour les chapitres. Cette décision un peu malheureuse masque en effet l'évolution de la pensée duhémienne sur le long terme. Pour le reste, le livre fait un large tour d'horizon de la perception par Duhem du concept de vérité scientifique. Stefano Bordoni examine les tentatives du jeune savant pour créer un cadre unique pour la mécanique et la thermodynamique. Anastasios Brenner confronte quant à lui la vision duhémienne des travaux de Copernic avec les analyses qui en ont été faites plus tard, pour questionner la pertinence du rôle des prédécesseurs de Copernic que Duhem désire souligner, ainsi que la valeur générale des hypothèses en astronomie. Puis Francesco Calemi examine le principe de sous-détermination défendu par Duhem, qui stipule qu'une théorie scientifique pourrait toujours être réparée face au résultat d'une expérience falsificatrice. Mirella Fortino, responsable du volume, écrit sur la manière dont fiction et réalisme entrent en tension dans les travaux de Duhem. Ce chapitre est suivi par un texte de Simone Mazauric consacré à la question du continuisme dans la conception de l'histoire des sciences de Duhem qui ne laisse pas de place à la rupture épistémologique. Jean-François Stoffel se demande ensuite dans quelle mesure l'étude de Galilée faite par le mathématicien belge Paul Mansion, lui aussi catholique militant, a été la source des travaux ultérieurs de Duhem sur le même sujet. Krzysztof Szlachcic pose un regard décalé sur la réception complexe et parfois biaisée des travaux de Duhem par les philosophes polonais, dans les contextes fort différents des lendemains de la première puis de la deuxième guerre mondiale. Pierre-Michel Vauthelin confronte les conceptions de Duhem avec celles de la thermodynamique en France à son époque. Et enfin, Carlo Vinti cherche à dépister chez Bachelard les lignes de fuite qui le rapprochent de certaines considérations de Duhem.

Laurent Mazliak

Paolo Galluzzi, *The Lynx and the telescope : The parallel worlds of Federico Cesi and Galileo*, trad. de l'italien de Peter Mason (Leyde : Brill, 2017), 25 cm, xiv-521 p., 27 ill. coul., réf. bibliogr., index, « Scientific and learned cultures and their institutions », 21.

L'intérêt de ce livre réside dans la confrontation de deux approches scientifiques qui eurent cours au début du xviie siècle. Ces deux mondes sont ceux du prince Federico Cesi (1585-1630) et de Galilée (1564-1642) : ils se croisent, s'entremêlent et s'affrontent, mais ils peuvent aussi s'associer et se compléter.

Galilée est bien connu, mais il faut dire quelques mots de Federico Cesi. En 1603, âgé d'à peine dix-huit ans, il fonde avec trois amis l'Accademia dei Lincei qui se donne pour tâche l'observation et la collection des plantes et des minéraux dans les collines derrière le palais des Cesi à Acquasparta, une commune de l'Ombrie située à une centaine de kilomètres de Rome. Ce qu'il y a d'innovateur dans leur approche est la prise de conscience du besoin d'être accompagné par un dessinateur qui sache tracer avec soin les détails des objets recueillis. Cesi avait été vivement frappé par les nombreux fossiles de plantes que l'on trouve dans les montagnes et les vallées du sud de l'Ombrie. Qu'étaient ces étranges témoins d'un lointain passé ? Comment expliquer leur forme ? Que dire de leur fonction ?

À quelle classe appartenaient-ils ? Leur nature était-elle minérale, végétale ou animale ? Pour quelle raison certains brillaient-ils dans le noir tandis que d'autres s'échauffaient quand on les plongeait dans l'eau froide ? Quel était ce feu secret qui brûlait en leur for intérieur ? Cesi s'interrogait aussi sur les fougères et les champignons qui poussaient à côté des fossiles. Les cryptogames (végétaux dont les organes reproducteurs restent cachés) l'intrigueront sa vie durant. En 1610, libéré de l'hostilité de son père, qui ne prisait pas les sciences, Cesi nomma deux nouveaux membres, que l'on peut qualifier de représentants des deux mondes : Giambattista Della Porta et Galilée. L'ouvrage le plus important de Della Porta, *Magiae naturalis sive de miraculis rerum naturalium*, repose sur le postulat que la nature des végétaux peut être connue grâce à leur apparence et à leur similarité avec la physionomie humaine. C'est ainsi qu'il préconise la noix du noyer pour guérir les maux de tête et qu'il déclare que les plantes, qui ont des racines poilues, peuvent atténuer la calvitie.

Cesi était à la recherche non seulement d'une sommité, comme Della Porta, mais aussi de quelqu'un dont les travaux avaient fait sensation. La publication du *Sidereus nuncius* de Galilée en 1610 lui révéla l'homme dont il avait besoin. Il demanda à Galilée de faire partie de son académie et celui-ci, flatté au-delà de ses espoirs, s'empressa d'accepter. C'était mettre son télescope entre les mains d'un personnage influent qui saurait promouvoir son importance et son renom. Dans la suite, Cesi se comporta en généreux mécène et prit en charge le coût de l'impression de trois ouvrages de Galilée. Il aurait aussi assumé les frais de publication du célèbre *Dialogue sur les deux grands systèmes du monde* s'il n'était pas décédé avant que l'ouvrage ne soit terminé. Lorsqu'il parut, en 1632, Galilée dut payer de sa propre poche, avec un retard qui lui causa de sérieux ennuis avec la maison d'édition.

Paolo Galluzzi a su présenter de façon érudite et originale les enjeux de la révolution scientifique du XVIIe siècle. Son ouvrage aide à comprendre et à apprécier l'ampleur et la diversité d'un mouvement qui allait changer l'interprétation du monde en modifiant notre façon de le représenter.

William R. SHEA

Yves GINGRAS, *L'Impossible dialogue : Sciences et religions* (Paris : PUF, 2016), 12 x 19 cm, 423 p., graph., ill., notes bibliogr., index, table.

Le but de ce livre est de procéder à un examen méthodique des rapports entre la science, ou plus exactement les théories scientifiques, et les institutions religieuses (pour l'essentiel, l'Église catholique), l'auteur prenant par ailleurs bien soin de préciser que la religion entendue comme croyance personnelle n'est nullement en cause (p. 19).

Chronologiquement ordonnée, l'étude comprend deux parties bien distinctes – les quatre premiers chapitres couvrant la période allant de Galilée à la fin du dix-neuvième siècle, et les trois suivants l'époque contemporaine (avec un accent tout particulier sur les quatre dernières décennies). Alors que dans la première période les rapports entre la science et les institutions religieuses se déroulent clairement sous le signe du conflit, celui-ci va progressivement faire place à un dialogue, ou du moins à des tentatives de dialogue, dont la discussion constitue la partie la plus personnelle de l'ouvrage.

Yves Gingras souligne justement que la subordination traditionnelle de la philosophie à la théologie, nettement affirmée dès le treizième siècle et réaffirmée avec force en 1513 au concile de Latran, illustre déjà, et bien avant les temps modernes, la volonté des théologiens de ne pas laisser le champ libre à l'analyse rationnelle. Il reste que c'est bien avec l'émergence d'une cosmologie héliocentrique, incompatible avec la lettre des Textes sacrés, qu'allait surgir, dans toute sa force, le conflit entre science et religion. Celui qui opposa Galilée au Saint-Office revêt à cet égard une valeur paradigmatique, et l'auteur a tout à fait raison de lui consacrer l'essentiel des deux premiers chapitres. Non moins détaillés et bien informés, les chapitres trois et quatre montrent comment, une fois enclenché, le mouvement allait se développer inexorablement : abandon du recours à Dieu devenu une « hypothèse inutile » (Laplace), début de la géologie et d'une histoire de la Terre elle aussi inconciliable avec les textes bibliques, et bien sûr avènement de la théorie de l'évolution des espèces qui, appliquée à l'homme et avec l'essor de la paléoanthropologie, ôtait toute crédibilité au récit de la création divine selon la Genèse. Ni les censures, ni les mises à l'Index, ni la dénonciation officielle des erreurs dont la science est porteuse (le *Syllabus des erreurs* de 1864, par exemple, p. 221-222) n'avaient pu empêcher son expansion. Et c'est la religion elle-même, avec l'exégèse biblique et l'histoire critique des religions, qui semblait bien être à son tour tombée dans ses filets.

Il devenait clair que persister dans une opposition radicale ne menait à rien. D'où le choix des représentants les plus qualifiés des institutions religieuses de passer du conflit au dialogue (chap. 5), et donc de reprendre *de facto* l'argument que développait déjà Galilée dans la *Lettre à la grande duchesse Christine* : Dieu étant à l'origine du livre de la nature comme de celui des Écritures saintes, il ne saurait y avoir contradiction entre eux (p. 282). L'auteur décrit longuement ces tentatives de dialogue dans lesquelles il voit surtout des monologues croisés : qu'il s'agisse d'ouvrages s'efforçant de montrer que la science dans ses théories les plus récentes conduit à reconnaître dans le monde un dessein intelligent et donc l'existence d'un Dieu créateur, ou encore que seule la religion est en mesure de mener à une vision de la réalité humaine dans sa globalité et sa complexité (chap. 6). Il n'y voit pour sa part qu'illusions, condamnées d'avance par « l'impossible rationalisation de la foi » (p. 345).

Ajoutons que cet ouvrage qui, comme il a déjà été dit, n'est nullement hostile à la religion comme engagement personnel, ne s'appuie pas non plus sur une vision caricaturale de la science dont Yves Gingras reconnaît qu'elle dépend à son tour d'un certain nombre de postulats – métaphysiques, éthiques et méthodologiques – lesquels ne vont pas de soi, mais sont les conditions de son universalité.

Maurice CLAVELIN

Hanoch GUTFREUND et Jürgen RENN, *The Formative years of relativity : The history and meaning of Einstein's Princeton lectures* (Princeton : Princeton University Press, 2017), 20,3 x 25,4 cm, 432 p., 72 fig. et ill., index.

Ce (beau) livre d'un peu plus de 400 pages documente richement le contexte de la genèse et de l'évolution des idées maîtresses de la relativité générale. S'il s'articule autour d'une nouvelle édition des conférences données par Albert Einstein à l'université de Princeton, lors de son premier voyage aux États-Unis en mai 1921, son principal intérêt réside avant tout dans les quelque 160 pages de présentation rédigées par les auteurs. En effet, les conférences d'Einstein ont déjà été publiées à maintes reprises, et le lecteur francophone les trouvera dans la traduction de Maurice Solovine, éditée en 1923 par Gauthier-Villars (reproduction J. Gabay) qui complètent l'exposé des quatre conférences, tout comme le livre de H. Gutfreund et J. Renn, par les trois textes ajoutés aux éditions ultérieures (jusqu'à la fin de la vie d'Einstein) : « Sur le problème cosmologique », « Théorie relativiste du champ non symétrique » et « Théorie de la gravitation généralisée ». La présente édition en anglais ajoute un aperçu intéressant du caractère vivant des conférences d'Einstein à Princeton en présentant pour la première fois deux conférences grand public données par celui-ci en marge de ses conférences spécialisées. Cependant, les textes correspondant à ces deux conférences sont issus de notes sténographiques parfois assez incomplètes qui rendent la lecture malaisée pour un non-spécialiste. On peut regretter le parti pris d'avoir annoté *a minima* les passages manquants pour une présentation grand public.

Mais revenons au « livre dans le livre », au cœur de l'ouvrage, c'est-à-dire au commentaire des auteurs, qui peut aussi se lire indépendamment des conférences d'Einstein. Il est structuré en une première partie introductive, qui donne le cadre général du voyage d'Einstein aux États-Unis et présente ses conférences. Suit un long développement de 120 pages découpé en dix chapitres, qui permet au lecteur de suivre en coulisses les conférences d'Einstein en lui rendant accessibles leur contenu et leurs enjeux. Ces discussions ne contiennent pas de formalisme mathématique, contrairement aux conférences, mais maintiennent un niveau de qualité élevé par la rigueur de la présentation et la très bonne connaissance du sujet des auteurs. Le lecteur y trouvera ainsi exprimées en phrases simples les subtilités de l'analyse relativiste. Sont notamment discutés, en donnant la parole aux acteurs contemporains d'Einstein (W. Adams, A. Eddington, E. Freundlich, A. Friedmann, G. Lemaître, M. Schlick, K. Schwarzschild, W. de Sitter, H. Thirring, H. Weyl,...), les relations entre géométrie et théorie physique, les tests de la relativité générale (précession du périhélie de Mercure, déflexion des rayons lumineux et décalage spectral gravitationnel) dans le cadre des évolutions successives de la théorie et de ses débats interprétatifs, ou encore la naissance de la cosmologie relativiste à l'époque de la découverte de l'expansion de l'univers. Les auteurs accordent également une place importante aux ondes gravitationnelles détectées en 2016 (par l'interféromètre LIGO dans le cadre de la collaboration LIGO-Virgo), cent ans après leur prédiction par Einstein. Ils nous invitent à en suivre le développement historique avec les hésitations d'Einstein, depuis ses premiers échanges épistolaires sur ce sujet, en février 1916, avec Karl Schwarzschild, jusqu'à ses doutes concernant leur existence, vingt ans après avoir précisé leur structure en 1918. Les débats philosophiques qui portent sur la relativité générale se voient dédier également un chapitre spécifique (H. Reichenbach, E. Cassirer, M. Schlick,...), qui donne un aperçu de l'essentiel de ceux-ci. Soulignons aussi le chapitre très complet consacré aux premiers ouvrages universitaires ou grand public sur la théorie d'Einstein au tout début des années 1920. La notoriété d'Einstein et de sa théorie sont alors acquises depuis 1919 et la confirmation de la déviation des rayons lumineux à leur passage au voisinage du Soleil par Eddington. Les auteurs rappellent la scénarisation de cette annonce, devant le portrait de Newton à la Royal Society et l'engouement du grand public, au sortir de la première guerre mondiale, pour ce sujet difficile.

La présentation est enrichie de documents d'époque qui ajoutent encore à l'agrément du livre, préfacé par Diana Kormos-Buchwald, directrice du « Einstein Papers Project » à Caltech et éditrice des *Collected papers* d'Albert Einstein.

Christian BRACCO

Boris KLEIN, *Les Chaires et l'esprit : Organisation et transmission des savoirs au sein d'une université germanique au XVIIe siècle*, préface de Sophie ROUX (Lyon : Presses univ. de Lyon, 2017), 24 cm, 346 p., ill., cartes, tables généalogiques, bibliogr., index.

Dans cet ouvrage érudit, Boris Klein présente les principaux résultats d'un doctorat d'histoire soutenu en 2011 et consacré à l'université d'Helmstedt. L'auteur apporte une attention particulière aux dimensions religieuse et politique de l'enseignement. Cette institution est en effet à la fois l'un des foyers intellectuels du protestantisme et la seule université du duché de Brunswick. Si le lien avec l'histoire des sciences peut au premier abord sembler ténu, le choix d'analyser en détail les rapports d'enseignements des professeurs permet d'approcher leurs contenus et ainsi d'étudier la transmission des savoirs.

Pour un sujet aussi méconnu en France que l'université allemande de l'époque moderne, la méthode de l'étude de cas est tout à fait judicieuse. Le prisme de l'université d'Helmstedt, étudiée entre 1652 et 1690, permet à Boris Klein d'explorer plus généralement les transformations dans les universités germaniques protestantes. L'efficacité du procédé est particulièrement sensible dans l'introduction qui aiguille habilement le lecteur à travers la vaste bibliographie existante.

L'auteur refuse lucidement une approche disciplinaire et lui préfère une étude des chaires, dont les périmètres et les contenus se transforment au fil des évolutions politiques et scientifiques. Il en ressort un ouvrage de 346 pages qui peut être fascinant pour les spécialistes du domaine mais parfois fastidieux à lire. On pourra d'ailleurs regretter que la publication, par ailleurs soignée, n'ait pas été accompagnée d'une refonte plus importante du travail de thèse et de choix éditoriaux tranchés pour faire ressortir les points saillants de l'analyse.

La structure du livre suit donc celle des universités de l'époque, avec quatre chapitres centraux respectivement consacrés aux facultés de théologie, droit, médecine et philosophie. L'étude des chaires de théologie et de droit contient des réflexions intéressantes sur les liens entre histoire des savoirs et histoire politique. On souhaiterait parfois que l'auteur s'autorise à quitter le cadre strict de l'université pour suivre les professeurs dans leurs missions au service du duc, en analysant notamment les interactions avec le système scolaire, par ailleurs solidement étudié par Jean-Luc Le Cam.

Les chapitres sur les facultés de médecine et de philosophie contiennent certainement les passages les plus pertinents pour l'historien des sciences. La méthode de l'auteur s'y déploie avec succès. L'étude prosaïque des successions de chaires et des brochures universitaires est à plusieurs reprises brillamment croisée avec les débats centraux de l'époque : comment concilier l'enseignement des ouvrages de Galien et d'Aristote avec les travaux de William Harvey sur la circulation du sang ? L'ouvrage parvient à restituer en contexte la complexité de l'évolution de la médecine. On y voit un professeur classifier les maladies selon Galien, puis d'après Thomas Sydenham, avant de publier une collection d'aphorismes d'Hippocrate. Prendre en compte les exigences et les compromis inhérents à l'enseignement universitaire permet de situer ces enjeux scientifiques dans un jeu de contraintes pédagogiques, politiques et matérielles.

Le dernier chapitre, consacré à la faculté de philosophie, laisse nécessairement l'historien des sciences sur sa faim, tant la variété des chaires empêche d'atteindre le niveau de détail accordé aux controverses théologiques. Le contenu des enseignements de physique et le statut de l'expérimentation sont brièvement abordés, les évolutions de l'histoire, l'apparition de la géographie et du caméralisme de manière plus substantielle et tout à fait passionnante. La transformation des mathématiques, pour ne prendre qu'un exemple, est habilement esquissée en une dizaine de pages, alors même que l'auteur la qualifie d'« évolution la plus profonde au cours de la deuxième moitié du XVIIe siècle ».

Le choix central de l'auteur de proposer une exploitation minutieuse des rapports de professeurs lui permet de présenter l'évolution de l'université quasiment au quotidien. Il est d'autant plus étonnant, voire paradoxal, de constater dans ce travail une lacune étonnante, à savoir l'absence presque totale de citations issues des archives. Le lecteur apprendra bien ce que pensent et enseignent les professeurs, mais selon l'analyse qu'en propose Boris Klein et bien trop rarement avec leurs propres mots. Les controverses scientifiques ou personnelles en perdent de leur chair, tout comme l'âpreté des successions. Les disputes, rituel universitaire par excellence, sont fréquemment évoquées, mais l'auteur ne donne généralement pas l'intitulé exact, préférant proposer son interprétation ou situer les enjeux savants. S'il en résulte un indéniable gain de place, cette médiation permanente se fait au détriment de la précision et empêche le lecteur de s'immerger complètement dans l'université d'Helmstedt.

Thomas MOREL

Olivier Le Cour Grandmaison, *L'Empire des hygiénistes : Vivre aux colonies* (Paris : Fayard, 2014), 15 x 24 cm, 361 p., notes bibliogr., index.

Ce nouvel *opus* fait suite à deux volumes précédents, *Coloniser, exterminer* (2005) et *La République impériale* (2009) d'Olivier Le Cour Grandmaison, qui enseigne les sciences politiques à l'université d'Évry – Val-d'Essonne. *L'Empire des hygiénistes* est davantage focalisé sur les dispositifs sanitaires qui ont été déployés dans les possessions françaises et analyse l'imaginaire associé à l'exploitation des ressources et des corps. La période considérée est essentiellement celle de la IIIe République mais le livre approfondit aussi la question des continuités sous l'administration de Vichy et de la France libre, jusqu'à la IVe République. L'auteur mène alors un véritable procès des conduites racistes qui se sont greffées sur le discours hygiéniste, au mépris de la vie des peuples autochtones, le plus souvent en contournant les lois en vigueur en métropole et l'abolition de l'esclavage.

À la sortie de la conférence de Berlin (1885), la jeune république française dispose de territoires immenses outre-mer, une aubaine pour relever le pays après la défaite contre la Prusse et le hisser au niveau de l'Empire britannique. L'immigration est soutenue par l'État mais conduit d'abord à une véritable hécatombe. C'est là qu'interviennent les médecins, d'abord pour dénoncer l'imprévision des dirigeants, puis, après avoir conquis le Parlement et le Conseil, pour encadrer l'exploitation des ressources et l'asservissement des indigènes. Le panorama offert par Olivier Le Cour Grandmaison en Afrique et en Asie varie les niveaux d'échelle en changeant de focale et de point de vue, au service d'un récit qui tient à la fois de l'histoire des représentations et des capacités d'agir. Sur la base de nombreuses sources, il rappelle que le mythe d'une France victorieuse en Orient travestit la réalité coloniale : militaires et colons meurent massivement faute de moyens d'« acclimatation » sous les tropiques. Pour répondre à ce besoin, un large spectre de sciences va être mobilisé et irrigué par le discours hygiéniste : anthropologie, épidémiologie, chimie, diététique, climatologie, urbanisme, géographie, sociologie, psychologie, etc. Les médecins prendront rapidement la main pour former des cadres de l'administration coloniale et conseiller la Marine à travers une multitude d'experts, sociétés savantes, journaux scientifiques, conférences internationales, chaires universitaires, diplômes et examens. À ce titre, le livre aurait pu s'intituler « le fusil et le caducée » (p. 18). La diffusion des règles d'hygiène, l'étude des pathologies exotiques et l'intégration des médecins aux institutions locales concourent à la diffusion de connaissances pratiques. Ainsi les colonies deviennent autant de laboratoires où des dispositifs de contrôle individuel sont expérimentés avant d'être appliqués en métropole.

Les savoirs concernés sont en premier lieu le climat, l'alimentation, l'urbanisme, l'habillement, la sexualité et les modes de sociabilité. Si la climatologie remonte à Montesquieu, en revanche la peur des virus, épidémies et autres germes se nourrit aussi de la science pasteurienne. L'imaginaire qu'elle charrie aboutit à la proclamation de règles de ségrégation très strictes dans les possessions françaises : Olivier Le Cour Grandmaison parle de « mixophobie d'État » (p. 24) et d'hygiène raciale pour nommer ces politiques. En outre, appliquée aux colonies, l'hygiène est garante de l'ordre et de la hiérarchie en société : elle définit la séparation des comportements publics et privés qui permettent de conserver la dignité et l'autorité requises en présence d'indigènes. Rôles, rangs et espaces sont strictement contrôlés. Les villes sont organisées en vertu d'un zonage : organisation pavillonnaire des hôpitaux et des résidences de colons, expulsion des indigènes des villes, les premiers bénéficiant de quartiers assainis, les seconds étant regroupés dans des camps ou déportés.

L'« indigénisation » et la neurasthénie sous les tropiques (« soudanite ») sont aussi théorisées par les aliénistes en vertu des règles de l'hygiène mentale. À la suite de l'historien américain Richard C. Keller, Olivier Le Cour Grandmaison rappelle la tenue du congrès consacré à l'assistance des aliénés aux colonies en 1912 et la fameuse école d'Alger (Antoine Porot, Henri Aubin, etc.), qui a diffusé des écrits psychiatriques racistes sur l'« impulsivité criminelle » des Arabes jusqu'aux années 1960. De fait, des disciplines hybrides, comme l'ethnopsychiatrie, compilent des notions racistes héritées des connaissances du XIXe siècle (rapport de John Colin Carother à l'OMS en 1954). Là encore, le constat de la continuité et d'une lente transformation des sensibilités s'impose, mais Olivier Le Cour Grandmaison cite peu de travaux d'histoire sur cette transition. Par exemple, sur la base des travaux d'Alice Bullard, il apparaît clair que l'ethnopsychiatrie entame justement sa mue vers une psychiatrie transculturelle non raciste dans les années 1950-1960, notamment sous l'influence des universitaires américains et canadiens (parfois d'anciens Européens qui ont fui le nazisme) et grâce au retour d'exil de certains intellectuels (Frantz Fanon mourra malheureusement avant).

Enfin, précédemment attaqué sur l'identité des crimes contre l'humanité et génocides du colonialisme d'une part, et du nazisme d'autre part, Olivier Le Cour Grandmaison précise sa position en conclusion. Je relèverai pour ma part que, emporté par la volonté de dénoncer les horreurs impérialistes à partir d'un plaidoyer *pro domo*, il perd de vue l'hygiénisme et ses porte-parole au fil de son histoire, mais il sait maintenir l'attention du lecteur jusqu'au bout.

Emmanuel DELILLE

Daniel Patrick MORGAN, *Astral sciences in Early Imperial China : Observation, sagehood and the individual* (Cambridge : Cambridge Univ. Press, 2017), 23,5 x 15,7 cm, 268 p., 29 ill. n. et bl., 19 tabl., bibliogr., index.

Formé au département d'Asie orientale de l'université de Chicago, Daniel Morgan est actuellement chercheur au CNRS et membre du Laboratoire d'histoire des sciences (SPHERE) de l'université Paris-Diderot. C'est dans ce cadre, et plus particulièrement dans celui du projet européen « Sciences mathématiques dans les mondes anciens » qui a regroupé entre 2011 et 2016 des spécialistes travaillant sur d'autres aires culturelles, que le présent ouvrage a pris forme. Il s'agissait pour l'auteur de présenter à ses collègues, et à travers eux à un public plus large, les sources disponibles sur les « sciences astrales » (pour éviter d'avoir à trancher entre astronomie et astrologie) dans la Chine ancienne, *grosso modo* entre le début de l'empire en 221 avant notre ère et la dynastie Tang (618-907). Il s'agissait également de les familiariser avec les questions les plus débattues dans ce domaine – notamment sur le plan méthodologique – depuis la parution en 1959 de l'histoire de l'astronomie chinoise de Joseph Needham. L'approche de l'auteur est décidément culturaliste, au sens où l'histoire des sciences ne peut faire l'économie de son rapport au contexte intellectuel, social et institutionnel dans lequel celles-ci évoluaient et aux motivations personnelles des individus qui les pratiquaient. Une approche qu'il partage avec la plupart des chercheurs qui, avant lui, se sont engagés dans cette voie comme Nathan Sivin, Christopher Cullen et Jean-Claude Martzloff dont les travaux sont mis à contribution pour étayer ses propres arguments, mais aussi dans une perspective critique, avec une volonté affichée d'en découdre avec les opinions soutenues par les uns et les autres.

Le premier chapitre introduit le lecteur à la terminologie chinoise des sciences astrales, à commencer par les deux termes qui, dans les histoires officielles, nomment les traités consacrés d'une part à l'observation des signes célestes (*tianwen*) et d'autre part au « *li* », une notion laissée non-traduite en raison de son champ sémantique extrêmement étendu : calendrier, almanach, comput calendaire, système astronomique, astronomie mathématique. Le chapitre se clôt par un survol des événements, des institutions et des individus qui ont marqué le développement des sciences astrales sous les empires Qin et Han (221 avant notre ère – 220 de notre ère). Le chapitre deux est consacré aux instruments d'observation et de mesure décrits par le mathématicien et astronome Li Chunfeng (602-670) dans le traité *tianwen* de l'*Histoire des Sui*. Morgan montre bien en quoi l'incorporation de cette section aux traités *tianwen* à partir du quatrième siècle marque un tournant décisif dans le contenu de ce type d'écrits jusqu'alors principalement dévolus à l'interprétation des présages astronomiques et météorologiques. Il suggère également et à juste titre que ces instruments étaient investis d'une réalité cosmologique et qu'ils ont joué en Chine un rôle tout aussi contraignant que celui généralement attribué à la théorie des sphères cristallines dans le monde grec. Dans le troisième chapitre, consacré au *li* et à ses multiples facettes, on a d'abord une présentation des calendriers annuels sur lamelles de bambou et tablettes de bois découverts ces dernières décennies dans des tombes d'administrateurs locaux des Qin et des Han, puis des usages politiques et rituels du calendrier civil dans sa fonction de régulateur des activités saisonnières selon l'expression (« *granting seasons* ») popularisée par Nathan Sivin, et enfin du système astronomique élaboré par Liu Hong à la fin des Han qui, par la nouveauté de ses procédures et la précision de ses calculs, fournira un modèle à suivre pour les générations futures. Selon Morgan, il n'y a pas de continuité nécessaire entre les calendriers utilisés à des fins pratiques dans la société et les élaborations théoriques des astronomes, tout comme sur un autre plan les textes rendant compte de ces élaborations (« li *literature* ») diffèrent dans leur forme et leur contenu des écrits proprement mathématiques (« suan *literature* »).

Les deux derniers chapitres sont des études de cas, l'un concernant un débat intervenu en 226 de notre ère à la cour des Wei à propos de la réforme du système astronomique en vigueur à l'époque, l'autre portant sur la manière dont les astronomes rendaient compte dans leurs écrits du développement des sciences astrales depuis l'antiquité. Ceci entraîne l'auteur dans un démontage de la thèse soutenue, entre autres, par Geoffrey Lloyd, sur l'absence en Chine de débats publics aux cours desquels des spécialistes se confrontent à propos de la précision et de la valeur prédictive de leurs computs respectifs, ainsi que de celle sur l'inexistence chez les praticiens du *li* de l'idée de progrès qui gouverne en Occident la science des astronomes depuis au moins l'époque des Lumières. Quoi qu'il en soit et malgré le ton un peu péremptoire avec lequel l'auteur expose ses arguments, on ne saurait que recommander la lecture de cet ouvrage novateur et stimulant. Rares sont en effet les livres qui combinent le plaisir de lire avec la haute érudition, qui immergent sans submerger, qui dépaysent sans déconcerter et qui, au bout du compte, suscitent la réflexion et invitent le lecteur à s'extraire des idées reçues pour saisir les faits étudiés de l'intérieur, dans la langue et avec les outils conceptuels de ceux qui les animaient et dans la dynamique propre à leur histoire deux fois millénaire.

Marc KALINOWSKI

Bertrand NOUAILLES, *Le Monstre, la vie, l'écart : La tératologie d'Étienne et d'Isidore Geoffroy Saint-Hilaire* (Paris : Classiques Garnier, 2017), 15 x 22 cm, 456 p., ill., bibliogr., index, « Histoire et philosophie des sciences », 13.

Cet ouvrage, version remaniée d'une thèse soutenue en 2012, est consacré, comme l'indique son titre, à une étude approfondie de l'objet, des méthodes et des concepts de la tératologie, c'est-à-dire de la science des monstres (au sens de « malformations »). Cette étude prend appui, notamment, sur une analyse attentive de l'œuvre de deux pionniers de cette discipline, le zoologiste français Étienne Geoffroy Saint-Hilaire (1772-1844) et son fils Isidore (1805-1861), bien que l'auteur ne s'interdise pas des incursions dans d'autres époques et que les contours de son travail débordent largement du cadre de l'investigation historique, laquelle n'est d'ailleurs pas vraiment ici le propos, n'offrant qu'un point de départ et une matière à réflexion.

En effet, en dépit de l'historiographie déjà très abondante sur l'histoire de la tératologie (depuis le livre d'Ernest Martin en 1880 jusqu'aux travaux plus récents tels que ceux de Lorraine Daston, de Jean-Louis Fischer et d'Olivier Roux[1]), l'approche adoptée ici est intéressante et originale dans la mesure où la question centrale que pose d'emblée Bertrand Nouailles est d'ordre philosophique et non historique : « Une connaissance rationnelle du monstre est-elle possible ? » (p. 26). Or, explique-t-il aussitôt, « nous avons cherché à mettre en évidence que seul le discours philosophique offrait une chance d'y parvenir ».

De fait, c'est bien le regard d'un philosophe qui est porté dans ce livre sur les manières dont les scientifiques ont tenté, au cours des deux derniers siècles, de penser la rationalité de ces formes anormales, ou anomales, que sont les monstres, et les différents auteurs (en premier lieu les Geoffroy Saint-Hilaire) sont convoqués, avant tout, dans le but de nourrir une réflexion sur les enjeux actuels (ou intem-

1 - Voir le compte rendu de cet ouvrage par Tiffany Princep dans la *Revue d'histoire des sciences*, 65/2 (2012), 402-405.

porels) de la tératologie. Selon l'auteur, le monstre, en tant qu'écart par rapport aux lois de la nature telles que les pense l'esprit rationnel, met en doute soit l'ordre naturel, soit les facultés de la raison qui croit comprendre cet ordre, et c'est précisément cette dangereuse alternative qu'ont tenté de dépasser les savants depuis le XVIIIe siècle. En ce sens, le monstre constitue un défi lancé à la théorie de la connaissance, et la tératologie, telle qu'elle a été définie et pratiquée par les Geoffroy Saint-Hilaire et leurs successeurs, représente une solution efficace à ce problème, mais une solution qui paradoxalement, en aboutissant à une négation de la dimension normative du monstre, et par conséquent de la notion même de « monstrueux », risque de mener en définitive, si elle est conduite à son terme, à une sorte de dissolution de son propre objet.

La recherche d'un moyen de résoudre cette contradiction constitue le fil conducteur de l'ouvrage de Bertrand Nouailles, qui est amené pour cela à interroger d'autres concepts, plus fondamentaux, de la biologie, au premier rang desquels l'adaptation et la vie elle-même, puisque, selon lui, les monstres « dévoilent le sens d'être de la vie qui, non seulement les rend possibles, mais surtout permet de comprendre en quoi les êtres vivants sont dits justement *en vie* » (p. 29). Or, toujours selon l'auteur, « ce sens d'être, c'est celui d'une *errance vitale* ». En découle une thèse audacieuse : les monstres, « sérieusement » pensés, permettent de rompre le lien (hérité de la téléologie d'Aristote, de celle de Kant, aussi bien que de la sélection naturelle darwinienne) entre vivant et adaptation et, au-delà, de construire rien de moins qu'une nouvelle « métaphysique de la vie ».

L'on pourra être convaincu ou non par cette thèse, et trouver à redire, notamment sur un plan historique, à certains points. Il demeure que la manière dont l'auteur aborde la question, la maîtrise avec laquelle il dissèque les problématiques rencontrées par les savants du XIXe siècle (par exemple les principes qui sous-tendent la recherche d'une taxonomie des monstres inspirée de la classification linnéenne) et les efforts qu'ils ont déployés pour faire des monstruosités un objet de science comme un autre, confèrent à son ouvrage un caractère très stimulant et rendront sa lecture utile aux philosophes des sciences de la vie.

Stéphane SCHMITT

Michel PINAULT, *Maurice Barrès et la « grande pitié des laboratoires de France » : Discours parlementaires pour une politique des recherches scientifiques en France (1919-1923)* (Paris : L'Harmattan, 2015), 15,5 x 24 cm, 330 p., graph., bibliogr., index.

Biographe de Frédéric Joliot-Curie, l'historien Michel Pinault a poursuivi son enquête sur les milieux scientifiques et leurs rapports avec le monde politique dans la première moitié du XXe siècle. Il avait déjà publié en 2006 un premier volume, *La Science au Parlement : Les débuts d'une politique des recherches scientifiques en France* (Paris : CNRS Éditions)[1], où il mettait en scène un homme peu connu

1 - Sur cet ouvrage, voir aussi le compte rendu de Jérôme Lamy paru dans la *Revue d'histoire des sciences*, 61/1 (janvier-juin 2008), 223-224.

aujourd'hui, Jean-Honoré Audiffred (1840-1917), d'abord député puis sénateur, à l'origine de la création de la Caisse de recherches scientifiques (qui n'était pas un organisme d'État) en 1901, dont l'idée avait été débattue au sein du Musée social, « antichambre de la Chambre ». Pinault donnait une analyse de son fonctionnement, et du débat d'idées qui se tenait dans ce lieu où se rencontraient des hommes politiques plutôt conservateurs et libéraux, mais aussi des savants comme Henry Le Chatelier et Charles Moureu. Pinault y soulignait aussi la rupture introduite par la première guerre mondiale, marquant un tournant dans l'histoire de la recherche scientifique. Celle-ci introduisait *de facto* une limite à la période qu'il étudiait, courant de 1896, première intervention d'Audiffred à la Chambre, jusqu'à son décès en 1917.

Il ne faut cependant pas s'arrêter à la considération d'une étude se réduisant à un héros (Audiffred dans le premier volume, Barrès dans le second) et son milieu social (action politique en faveur de ce que nous nommons aujourd'hui la recherche scientifique) ; Pinault va plus loin en effectuant une véritable autopsie des discours de chacun de ces deux parlementaires. Pour ce faire, il utilise la méthode lexicographique des mots associés, que la recherche informatique permet de faire aujourd'hui. Les vocables les plus usités sont ensuite analysés dans leur contexte, l'histoire sociale de leur sens est retracée, un traitement statistique permet d'habiles conclusions. Cela donne à cette étude des discours parlementaires une richesse et une fécondité inattendues. Cette méthode est la marque du travail réalisé par Pinault dans ces deux ouvrages.

Au cours de la première période étudiée par Pinault (1896-1918), la prise de conscience très lente des politiques quant au rôle de la science est due au progrès spectaculaire des activités scientifiques contribuant à l'amélioration des conditions de vie (santé, hygiène, alimentation, habitat), des soins vétérinaires, et de l'agriculture. Pour Audiffred, si la science permet tant de progrès dans ses applications, elle doit être soutenue par l'État, idée tout à fait nouvelle à l'époque, et qu'Audiffred défendra dans quatre propositions de loi (1896, 1900, 1903, 1916). En 1916, les parlementaires prennent conscience du rôle de la science dans l'effort de guerre. Le débat s'organise autour de la question de l'organisation des recherches scientifiques et donc des laboratoires et de leur budget lorsque la paix sera revenue. Une dominante française à cette époque, écrit Pinault, est à noter : la recherche doit se faire dans les instituts spécialisés placés sous la tutelle des facultés des sciences qui dépendent du ministère de l'Instruction publique.

Le second ouvrage de Pinault, paru en 2015, ne peut être lu qu'en référence au premier, quoique l'auteur ait pris la précaution de redonner les éléments de cette première période quand cela était nécessaire à son propos. La période étudiée ici est très courte (1919-1923) et s'achève aussi par la mort de l'écrivain et parlementaire de droite Maurice Barrès (1862-1923). À un héros est dévolue une mission et celle-ci va lui être suggérée par Charles Moureu, professeur de chimie organique au Collège de France, par ailleurs directeur de la *Revue scientifique* (*Revue rose*), charismatique, et de stature internationale. Au Musée social, avec Le Chatelier et Audiffred, Moureu, actif animateur de la section des études économiques, définit pour la première fois des principes d'une politique publique des recherches scientifiques en France.

Barrès interviendra dix fois à la Chambre. La campagne de presse débute dès le mois d'avril 1919 par une enquête sur les laboratoires existants, orchestrée par les frères Maury, à la tête de la *Revue politique et littéraire* (*Revue bleue*), suivie d'une lettre ouverte au ministère de l'Instruction publique en janvier 1920. Entre 1919 et 1922, presque une vingtaine d'articles seront publiés.

Ces articles portent pour une part sur la reconstruction intellectuelle de la France, et d'autre part, sur la « grande pitié des laboratoires de France », expression qui rappelle le titre de son ouvrage *La Grande pitié des églises de France* (1914), soulignant les dommages de guerre sur les bâtiments religieux. Pour Barrès, la haute culture morale se concrétise dans l'esprit religieux, la haute culture intellectuelle dans l'esprit scientifique (voir son ouvrage *Les Diverses familles spirituelles de la France*, 1917) : « [...] la civilisation est défendue dans les laboratoires et les églises » (14 avril 1919).

Michel Pinault, dans son travail, tant dans le premier ouvrage que dans le second, a fait le choix, et il l'écrit, de mettre au premier rang les parlementaires et non les scientifiques dans l'émergence d'une politique de la recherche scientifique en France. Cependant, si Barrès est le centre du discours de Pinault, Moureu n'en est jamais éloigné. À tel point que l'auteur précise bien que les noms Barrès et Moureu ne sont pas référencés dans l'index des noms. Ils forment donc une entité binaire, Moureu fournissant la matière et Barrès l'éloquence.

C'est d'ailleurs par cette relation que Pinault introduit son étude. Cette introduction est suivie de quatre chapitres sur : les circonstances qui ont amené Barrès à devenir le porte-parole de la « science pure et désintéressée » ; comment il organise ses discours sur la science et la recherche scientifique ; l'articulation de son action avec celle des autres acteurs ; enfin la mort brutale de Barrès qui laisse inachevée cette entreprise.

L'analyse sémantique des discours à la Chambre, ou des articles dans la presse (*Écho de Paris* en particulier) livre la fréquence la plus importante de certains mots clés comme, en premier lieu, le mot « scientifique », adjectif encore rare dans les discours parlementaires à l'époque mais qui se répand. Le substantif est utilisé une seule fois dans le contexte particulier des « nouveaux scientifiques » regroupant l'ensemble des personnels que Barrès voudrait voir travailler aux recherches scientifiques dans les laboratoires. Le scientifique est donc celui qui « fait de la science », le professeur en chaire reste le maître, le savant. Le second mot très utilisé par Barrès est « laboratoire », lieu de la recherche. Le troisième est « science », comme nouveau rapport de l'humanité au monde, la science pure ou désintéressée, née de l'étonnement et de la curiosité, qui se distingue des sciences appliquées, représentées par l'industrie. Barrès reprend la vision de Moureu qui dit qu'après la guerre, le savant doit retourner à ses recherches désintéressées sans s'occuper d'applications – sur le rôle de la science, voir : Charles Moureu, *La Chimie et la guerre : Science et avenir* (Masson, 1920), 4e partie, chap. III, « L'évolution nécessaire de l'esprit public en France », 360-377.

L'expression « recherches scientifiques » est finalement peu utilisée, le mot « recherche » davantage, mais bien moins souvent que « laboratoire » ou « scientifique ». Mais, à la Chambre, Barrès impose une manière d'en parler, et ses discours, dont la cohésion vise à la persuasion, vont favoriser la diffusion du concept de recherche scientifique pure et désintéressée. Mais quel en est le résultat ? Faible en réalité, malgré une intense campagne de presse. L'analyse sémantique révèle ici les réseaux sociaux constitués et les liens entre ces réseaux autour de l'idée de création d'instituts et/ou de laboratoires de recherche, dont un Comité national d'aide à la recherche scientifique, créé en 1922 et présidé par le recteur et mathématicien Paul Appell.

Dans le même temps, un autre réseau travaille à la création de l'Office national des recherches scientifiques et industrielles, et des inventions (ONRSII, 1922) tourné plutôt vers les recherches appliquées, dans la filiation d'un projet déposé en 1918 par le député Henri Pottevin. Le député, et ancien directeur de la direction des Inventions, Jean-Louis Breton, qui en a formulé les objectifs, dirigera cet organisme, situé à Meudon Bellevue (aujourd'hui siège historique du CNRS, créé en 1939). La création de l'ONRSII concrétise la poursuite de l'alliance de la science et de l'industrie, prônée après la guerre et soutenue par le ministre Étienne Clémentel[2]. En 1924, l'ONRSII organisait le Salon des arts ménagers. Si les industriels s'intéressent à la campagne de Barrès, ils souhaitent cependant l'association de l'économie, de l'industrie et de la science. Finalement, malgré la mise en action de plusieurs réseaux sociaux (politique, économique, presse, opinion publique), aucun groupe institutionnel ne se constitue autour de cette demande spécifique des laboratoires de recherches de science pure, et le ministère de l'Instruction publique refuse de dégager des crédits spécifiques à la hauteur de l'enjeu. La campagne aboutit donc à un résultat mitigé, voire insuffisant.

Doit-on considérer la campagne orchestrée par les discours et les écrits de Barrès comme un échec ou un succès ? Un peu des deux. Elle a préparé le terrain pour l'avenir, elle a été selon Michel Pinault une « semence d'avenir » (p. 252), en suscitant un intérêt pour les sciences et leur statut dans la nation, mais décevante sur le plan des financements. La Chambre, véritable caisse de résonance, s'accoutume cependant à la notion de recherche scientifique sous l'autorité de l'État.

Mais Barrès lui-même était-il convaincu ? Il n'a pas déposé de projet de loi sur l'institutionnalisation de la recherche en science pure pour contrer les tenants d'une campagne en faveur des sciences appliquées. Si, au début de la campagne, il prévoyait de publier un ouvrage sur la grande pitié des laboratoires de France, il décide d'ajourner ce projet en 1921 ; un tel ouvrage devrait être écrit, dit-il, par des savants – en 1925, Moureu publiera à titre posthume une partie des notes de Barrès dans *Pour la haute intelligence française* (Plon, 1925). Dans son dossier « laboratoires », il mène une réflexion sur la valeur spirituelle de la science, et sur la valeur morale des savants, réflexion qui avait pris toute son ampleur au cours même du développement de la campagne en faveur de la recherche, écrit Pinault dans sa conclusion. Barrès conserve des doutes sur l'aspect moral de la science : elle n'explique pas l'homme, elle donne seulement un moyen de mettre de l'ordre dans nos connaissances. Ses doutes probablement l'emportaient sur ses convic-

2 - Voir Michel Letté, Chimie, chimistes et rationalisation sous les auspices du ministre du Commerce et de l'Industrie Étienne Clémentel (1917-1919), *Revue d'histoire des sciences*, 69/1 (janvier-juin 2016), 19-40.

tions, renforcés par la terrible guerre achevée depuis peu. Questionnements nouveaux sur la nature et le rôle de la science qui allaient être appelés à se développer dans la société.

Michel Pinault a pu consulter exceptionnellement le fonds Maurice Barrès (dossiers, notes, cahiers et correspondance) déposé à la Bibliothèque nationale de France, fonds actuellement en cours de classement. Il nous livre ici un aspect peu connu de l'évolution de la pensée et de l'action de Barrès sous un angle inattendu très riche, nous donnant des clés sur les très nombreux réseaux civils ou institutionnels, qui se sont constitués après la première guerre mondiale, particulièrement à Paris. Plusieurs listes de membres peuvent être croisées par traitement informatique et révèlent les liens entre les personnes et ces réseaux. Cet ouvrage apportera beaucoup à ceux qui travaillent sur cette période où science, politique et économie sont reliées. Notons cependant quelques erreurs factuelles dues à une relecture un peu rapide du manuscrit, qui n'entachent pas, cependant, l'excellence du propos.

La mort de Barrès permettra à d'autres noms de monter en première ligne, et sans doute l'auteur prépare-t-il déjà une étude sur la suite des événements. L'avenir révèlera la puissance d'action des Paul Painlevé, Émile Borel ou Jean Perrin, héros au deuxième rang en quelque sorte dans ces deux premiers volumes.

Danielle FAUQUE

Michel PINAULT, *Émile Borel : Une carrière intellectuelle sous la IIIe République* (Paris : L'Harmattan, 2017), 15,5 x 24 cm, 638 p., bibliogr., index, coll. « Acteurs de la science ».

L'histoire des sciences devait déjà à Michel Pinault une biographie de référence portant sur l'un des principaux « intellectuels scientifiques » du XXe siècle, le physicien Frédéric Joliot (Odile Jacob, 2000). Approfondissant encore l'étude de l'engagement des scientifiques en politique, l'auteur nous en livre ici une seconde, presque aussi massive, consacrée au mathématicien Émile Borel. Les deux études sont complémentaires : si le cas Joliot autorise une étude de l'émergence, à partir des années 1930, de la figure du « chercheur », l'itinéraire de Borel, par contraste, permet de brosser un tableau fin et détaillé de l'universitaire type de la génération précédente.

S'il est aujourd'hui bien oublié au-delà de sa commune de naissance, Saint-Affrique, Borel a de fait joué les premiers rôles dans l'Université de la IIIe République : entré premier à l'École normale supérieure, puis admis avec le même rang à l'agrégation, il est nommé maître de conférences à Lille en 1893, à 22 ans, avant même d'avoir soutenu sa thèse ; en 1909, il obtient la chaire de théorie des fonctions à la faculté des sciences de Paris, parvenant ainsi à moins de 40 ans au sommet de la hiérarchie universitaire. Ce *cursus honorum* franchi au pas de charge est couronné en 1921 par l'élection à l'Académie des sciences – et en 1954 par l'obtention de la toute première médaille d'or du CNRS.

Ce brillant succès dans le monde mathématique, en théorie des fonctions, théorie des ensembles, puis en calcul des probabilités et en physique mathématique, est cependant très loin d'épuiser l'intérêt du personnage. Loin de l'image du mathématicien seul dans sa tour d'ivoire, Borel est en effet aussi un intellectuel de réseau, partie prenante des débats de son temps (comme l'affaire Dreyfus), ainsi qu'un fondateur d'associations, de revues (*La Revue du mois*) et de collections (« Collection de monographies sur la théorie des fonctions »), un auteur d'ouvrages grand public, et un salonnier mondain particulièrement actif, en duo avec sa femme, romancière connue sous le pseudonyme de Camille Marbo. En ce sens, il est un intellectuel « comme les autres », très comparable à ses homologues historiens, sociologues ou philosophes.

C'est aussi, et de plus en plus, l'âge venant, un intellectuel de pouvoir, qui laisse libre cours à son ambition d'abord au sein de l'Université – avec son élection comme sous-directeur de l'ENS, et son activisme dans le réseau « arcouestien » –, puis à l'extérieur, à partir de 1910, dans le sillage de l'entrée en politique de Paul Painlevé, son aîné à la faculté – celui-ci le prend comme secrétaire général lorsqu'il accède à la présidence du Conseil, après lui avoir confié la Direction des inventions intéressant la défense nationale. Sorti de la Grande Guerre profondément pacifiste et européen, Borel s'engage alors dans le parti radical ; élu député de l'Aveyron en 1924, il le reste jusqu'en 1936, tout en étant maire de Saint-Affrique de 1929 à 1941 et 1945 à 1947. Cet engagement politique n'est pas sans retombées sur la science : il joue un rôle moteur dans la création du « sou des laboratoires », en 1926 – première taxe prélevée sur les revenus de l'industrie au bénéfice de la recherche. Le capital politique accumulé lui permet en outre d'obtenir la création, très rapide, de l'Institut Henri-Poincaré, en 1928. Mais sa marginalisation à partir du début des années 1930, liée à un positionnement trop individuel et à un attachement par trop indéfectible au radicalisme de sa jeunesse, mène finalement Borel à une impasse : il n'obtiendra jamais le portefeuille espéré de l'Instruction publique, sa carrière ministérielle se limitant à sept mois comme ministre de la Marine.

De cet homme, l'ouvrage de Michel Pinault nous brosse un portrait complet et complexe, passionnant, indispensable à tous ceux qui s'intéressent aux liens entre science et politique au XXe siècle. Le lecteur n'en déplore que plus vivement les lacunes du travail éditorial, loin d'être à la hauteur de la qualité du travail de l'auteur.

Pierre VERSCHUEREN

William POOLE (éd.), *John Wilkins (1614-1672) : New essays* (Leyde-Boston : Brill, 2017), 25 cm, X-291 p., ill., réf. bibliogr., index.

The seventeenth-century English grandee John Wilkins (1614-1672) has attracted considerable interest in recent years. A symposium held in 2014 at Wadham College, Oxford (where Wilkins was once warden) brought together leading historians to talk about him. The resulting collection of essays provides an occasion for dialectical reflection on what we may call John Wilkins Studies.

Mordechai Feingold opens the volume with a long chapter about the relationship between Copernicanism and Calvinism. Feingold argues that the latter correlated negatively with the former, in the seventeenth century. Now, « the young » John Wilkins came from a Calvinist background ; was persistently associated with cognate, « Puritan » parties and institutions ; and was ordained into an English Church with a fundamentally Genevan theology. And yet he was a committed Copernican. Feingold argues that Wilkins's erstwhile Calvinism « prepared him to recognize the inherent threat » that it posed to the new science (p. 8). This patent begging of the question indicates something quite odd : Wilkins is an inert element – at best – in the lead argument of a book devoted to him.

Not so in the next chapter, by Cliff S. L. Davies (p. 37-65). This describes Wilkins's time as warden of Wadham College (1648 to 1659), and Wadham College during that time. We learn, inter alia, that « college accounts seem to have been well kept » (p. 39) ; that most Wadham students came from the counties of Somerset and Dorset ; but that an influx of students from Northamptonshire began, « strikingly », in 1650 (p. 41). A number of these students, and other members of the Wadham community, are then examined in mini-biographies, placed alongside Wilkins's own. Lines of correspondence and association are traced. « Puzzles » – for example, why the college's former chaplain was allowed to remain in residence – are noted (p. 53-54).

Several of the following chapters treat us to similar collections of biographical and historical detail. Richard Serjeantson addresses himself to Wilkins's brief tenure as master of Trinity College, Cambridge, from early 1659 to the summer of 1660 (p. 66-96). Serjeantson evaluates « evidence », « views » and « interpretations » for such issues as the exact date on which Wilkins took up his new job. The account is unlikely to be superceded. Scott Mandelbrote contributes a chapter on the Wadham College gardens that will surely fascinate anybody who has ever wondered about them (p. 199-218). And William Poole, the editor of this volume, takes us on a tour of « Wadham College Library : The First Century » (p. 241-284).

Other essays break more ground. And yet – *à la* Feingold – they don't really seem to *find* Wilkins there. Anna Marie Roos, for example, contributes a chapter on « chymical » teaching in Oxford from the 1670s to the 1720s (p. 219-240). Her discussion is learned, lucid, and extremely informative. But since Wilkins died in 1672, Roos necessarily waves goodbye to him on her first page. Natalie Kaoukji, more problematically, struggles to come to grips with Wilkins's well-known work on mechanics, *Mathematical magick* (1648) (p. 158-181). She keeps telling us that Wilkins's book showed « what it was to do mechanics » (p. 163, 164, 173). Doubtless.

Felicity Henderson contributes an unimpeachable chapter on Wilkins's « moon » books : the science-fiction *Discovery of a world in the moone* (1638), and the science-fact *Discourse concerning a new world and another planet* (1640) (p. 129-157). These Henderson situates in the tradition of moon-travel fantasies going back to Lucian, as well as in the context of early-modern English responses, both literary and scientific, to Galileo. Donne, Jonson, Webster, Kepler, Burton and many others make interesting appearances. Indeed, Wilkins's moon-contexts prove more interesting than his moon-texts.

With that, we turn to Jon Parkin's admirable chapter, on « Wilkins and Latitudinarianism ». Parkin attacks the traditional notion that Wilkins headed a powerful party of religious liberals – « Latitudinarians » – in Restoration England. As a churchman, Wilkins is for Parkin a « pragmatist, not a theological innovator » (p. 109). His version of natural theology is « utterly conventional in its sources and presentation and very thinly specified » (p. 111). Politically, too, it is difficult « to pin down a distinctive identity for Wilkins » (p. 111). On the intellectual front, Parkin cites the judgment of John Aubrey – another ubiquitous and clubbable figure of the period – that Wilkins was « no greatly read man » (p. 97). Parkin doubts this, but finds it significant that Wilkins managed to make it *seem that way.* « It is an important fact about Wilkins's ideas », Parkin comments, devastatingly, « that they were not particularly original, profound, or exceptional » (p. 99).

Here, perhaps, is the reason why contributors to this volume have struggled to do much more than *point* at Wilkins. He is simply not significant enough, as a thinker, to support open-ended attention from intellectual historians. Wilkins is no Bacon, no Descartes, no Hobbes. Wilkins is gifted, but not brilliant ; successful, not revolutionary. Perhaps the study of Wilkins has simply run its course.

If there is a way to deny this view – if there is an area where Wilkins really commands our attention – it is probably in his *Essay towards a real character, and a philosophical language* (1668). In the present volume, the *Essay* is addressed by Rhodri Lewis. For the most part, Lewis's chapter – commissioned by Poole, rather than originating in the 2014 symposium – is a précis of his 2008 book on this topic. Lewis graciously cites, but does not explicitly engage with, my own 2017 book on the same. Perhaps I may be forgiven for concluding with the suggestion that the way to get more out of Wilkins is to follow up on that reference.

James Dougal FLEMING

THÉOPHRASTE, *Les Causes des phénomènes végétaux*, tome III, livres V et VI, texte établi et traduit par Suzanne AMIGUES (Paris : Les Belles Lettres, 2017), 12,5 x 20 cm, XXXIV-258 p. (pagination double [2]-124), bibliogr., « Collection des universités de France », série grecque.

Ce volume est le huitième et dernier de l'entreprise de publication dans la « Collection des universités de France » des écrits botaniques de Théophraste d'Érèse, philosophe et savant du IVe siècle avant J.-C. qui fut le disciple d'Aristote et son successeur à la tête du Lycée. Cette œuvre s'articule en deux volets, les *Recherches sur les plantes* (5 vol.) et *Les Causes des phénomènes végétaux* (3 vol.). L'éditrice rappelle que, de par son ampleur et sa précision, cette œuvre est reconnue aujourd'hui comme le fondement de la science botanique occidentale. C'est dire si une édition de référence complète avec traduction française représente un apport de premier ordre.

Il est bien sûr difficile de rédiger le compte-rendu d'une publication qui vient clore une série aussi riche. De fait, la notice introductive est brève (24 pages) ; elle se concentre sur les spécificités de ces deux derniers livres sans reprendre tout le dossier relatif à ces écrits. Le lecteur qui s'intéresse plus avant à ce texte devra donc consulter les notices introductives des livraisons précédentes, la première étant parue en 1988. La spécificité du second volet consacré aux causes réside dans l'étude des phénomènes caractérisant la vie végétale (formation, croissance, reproduction, etc.). Les livres V et VI dont il est ici question traitent respectivement des états pathologiques observés sur les végétaux puis des saveurs et odeurs des végétaux. Le programme est en somme celui d'une analyse fine de ce qui fait le végétal et le caractérise par rapport aux autres êtres vivants, tout cela bien avant l'apparition de la chimie et de la biologie organique et cellulaire.

Comme tous les ouvrages de la « Collection des universités de France », le texte original est accompagné de l'apparat critique résumant le travail d'édition à partir de la tradition manuscrite et des éditions plus anciennes, associé à la traduction française présentée en regard. Un commentaire sous forme de notes est rejeté en fin de volume.

L'introduction rappelle que l'influence des travaux d'Aristote est évidente, même si l'identification des textes sources n'est pas toujours possible. Il est rappelé que le programme du livre VI présente un lien étroit avec les autres écrits de Théophraste consacrés aux sensations. La volonté de traiter des odeurs et des saveurs est d'ailleurs relevée comme l'une des grandes originalités de cette étude. En effet, « les flores modernes négligent généralement ces critères » (p. XIII).

L'achèvement de cette longue entreprise éditoriale vient confirmer l'expertise exceptionnelle de Suzanne Amigues sur la botanique ancienne. Les nombreux travaux qu'elle a pu publier en parallèle de ce travail sur l'œuvre de Théophraste constituent désormais des références et une somme incontournables pour l'histoire de la discipline.

Frédéric LE BLAY

Paola ZAMBELLI, *Alexandre Koyré in incognito* (Florence : Olschki, 2016), 17 x 24 cm, XXII-290 p., « Biblioteca di Galilæana », vol. 5.

Ce nouvel ouvrage de Mme Paola Zambelli est tout à fait novateur et comble une sérieuse lacune. Comme son titre le laisse présumer, il ne ressemble à aucune des études (assez nombreuses) qui ont été déjà consacrées à Koyré. Est-ce-à-dire que celui-ci serait sinon inconnu, du moins méconnu ? Malgré la célébrité mondiale d'Alexandre Koyré et de ses œuvres, la plupart des recherches le concernant ont porté presque exclusivement sur ses travaux d'histoire de la pensée philosophique et scientifique. Ce qui avait échappé jusqu'à présent, c'est l'homme d'action que fut Koyré, avec ses engagements à la fois discrets, considérables et efficaces de son temps. Il s'agit donc ici d'une « biographie intellectuelle complexe et exhaustive » (p. VII) qui se propose de mettre en résonnance la pensée et l'action de Koyré. C'est d'ailleurs la raison pour laquelle Mme Zambelli s'est particulièrement appuyée sur les manuscrits inédits, les écrits mineurs et la correspondance de Koyré.

La réussite de cette entreprise repose sur une masse considérable de documents (souvent méconnus) que l'auteure a réussi à rassembler durant plusieurs décennies de recherches patiemment poursuivies à travers le monde. Ainsi s'éclaire d'un jour nouveau l'évolution intellectuelle complexe de Koyré et l'incroyable diversité de ses centres d'intérêt. Le cheminement intellectuel de Koyré se dessine peu à peu depuis ses activités de conspirateur et d'espion dans la Russie tsariste, puis au début de l'ère soviétique, où se mêlaient aventures militaires et politiques. Pourtant, il poursuivit ses études en Allemagne à Göttingen auprès des phénoménologues réunis autour de Husserl et de Max Scheler et de tant d'autres auxquels il resta toujours lié, sans oublier son intérêt pour les recherches de David Hilbert sur les fondements des mathématiques et les enseignements de Hermann Minkowski sur la théorie de la relativité. Après Göttingen, on le suit à Paris (à partir de 1913) où il reprit ses études d'histoire de la philosophie auprès d'Étienne Gilson (Anselme, Descartes, Jakob Böhme, etc.) et de Lucien Lévy-Bruhl, mais aussi en histoire des sciences dans ses échanges réguliers avec Émile Meyerson. C'est d'ailleurs dès 1934 que Koyré publia une traduction partielle du *De revolutionibus* de Copernic, accompagnée d'un intéressant commentaire, qui inaugure ses études d'histoire des sciences. Sa familiarité avec la philosophie allemande lui permit d'introduire la phénoménologie en France, grâce à sa traduction des *Méditations* cartésiennes de Husserl qu'il avait fait inviter à Paris en 1929. Une fois la France occupée, il décida de fuir au Caire en Égypte (où il avait aussi enseigné depuis 1933), puis de partir pour les États-Unis, où il participa à la fondation et au fonctionnement de l'École libre des hautes études à New-York tout en militant ouvertement en faveur du gaullisme. La suite est un peu mieux connue entre Paris et Princeton.

Cet ouvrage solidement charpenté, ne se perd jamais dans une érudition sourcilleuse : il indique seulement de manière probe les sources d'où ont été tirées les données mises au service de cette biographie intellectuelle. L'introduction élucide la formation de la méthode utilisée par Koyré dans les différents domaines explorés, méthode qui s'inspire de Wilhelm Dilthey, Husserl, Lévy-Bruhl et Meyerson. Malgré les divergences entre ces philosophes, Koyré reste intimement convaincu que l'unité de la méthode repose sur celle de l'esprit humain. L'ouvrage comporte trois parties principales. La première intitulée « Secrets de jeunesse de Mikhaïlovski à Rakovski », fait état des premiers engagements de Koyré comme *socialiste révolutionnaire* (chap. 1) et comme informateur des Français et/ou des bolchéviques (chap. 2). La deuxième partie qui s'intitule « Un exilé et ses études », repart de la période de Göttingen auprès de Husserl, pour passer ensuite à ses études en France (Bergson, Gilson, Lévy-Bruhl, Meyerson, les salons parisiens, etc.) et ses publications qui s'étalent de Descartes à Galilée en passant par les mystiques et les empiristes. Enfin, la dernière partie au titre global, « De la Méditerranée aux États-Unis », part de l'entre-deux-guerres et relate son périple depuis Le Caire jusqu'à New York pendant la guerre, puis son retour à Paris et ses échanges avec Princeton. Il faut saluer ici cet ouvrage indispensable de Mme Paola Zambelli qui réussit à présenter un Alexandre Koyré à la fois penseur et homme d'action.

Jean SEIDENGART

François Zanetti, *L'Électricité médicale dans la France des Lumières* (Oxford : Voltaire Foundation, 2017), 24 cm, XVII-265 p., ill., bibliogr., index, « Oxford University studies in the Enlightenment ».

Dans le cadre d'une histoire sociale des pratiques et des savoirs médicaux, François Zanetti s'intéresse dans *L'Électricité médicale dans la France des Lumières,* paru en 2017, à une pratique médicale peu explorée par les historiens : l'utilisation de l'électricité en France au XVIIIe siècle dans le champ thérapeutique. Analysant de nombreux témoignages de médecins et de patients, l'auteur montre comment, au cours d'une histoire discontinue, l'électricité acquiert peu à peu sa légitimité en tant qu'outil de soin, pour aboutir aux trois procédés devenus canoniques à la fin des années 1770 : le bain électrique, l'électrisation par étincelles et la commotion. De démonstrations spectaculaires en échecs, il souligne le fait que l'électricité médicale marque l'entrée des machines dans l'espace thérapeutique et social. Ainsi, les descriptions en sont riches et précises (p. 14). Au cours du développement de la médecine philanthropique, l'auteur montre que l'électricité médicale devient un traitement réservé aux plus nécessiteux et témoigne des oscillations scientifiques entre médecine officielle et praticiens irréguliers qui poursuivent tous la connaissance du corps et de la nature humaine. Il montre également de quelle façon l'électricité métallique dans un premier temps, puis l'électricité animale, deviennent un symbole médical, philosophique, social et politique. Symbole révolutionnaire, elle peut être considérée comme un instrument concret de la sécularisation médicale. Cet ouvrage s'appuie sur une bibliographie primaire détaillée de certaines archives de l'Académie nationale de médecine et nous offre la possibilité d'une passionnante incursion dans les traités français sur l'électricité médicale, permettant par exemple de redécouvrir les textes de Jean-Antoine Nollet, *Sur l'effet de l'électricité appliquée à la guérison de quelques maladies* (1749) ou de l'abbé J[oseph] Sans, *Guérison de la paralysie par l'électricité* (1772). Par ailleurs la bibliographie secondaire est aussi intéressante que précise. Ce livre est un excellent pendant, en langue française, de l'ouvrage d'Iwan Rhys Morus qui donne un panorama de la culture électrique du XIXe siècle victorien, *Shocking bodies* (2011).

La table des matières est articulée autour de dix chapitres évoquant les échecs fondateurs, abordant les rivages du corps sous influence, la question des sociétés et académies savantes en lien avec la médicalisation de l'électricité, le rôle du hasard, la fécondité heuristique de l'erreur thérapeutique et la constitution d'un nouveau médicament. L'auteur aborde également les thèmes de la dégénérescence, du mouvement philanthropique, des traitements et de leurs applications. Enfin, François Zanetti nous permet de pénétrer les récits des patients et les expériences des charlatans et évoque le contexte révolutionnaire.

Au sujet des différences entre une médecine rationnelle et un charlatanisme assumé, l'auteur revient sur l'idée reçue selon laquelle l'électricité doit son succès à la crédulité des malades et/ou à la cupidité des praticiens. Idée qui d'ailleurs ne permettrait pas de comprendre le fil d'Ariane entre les développements dès le XVIIIe siècle de cet agent thérapeutique et ses multiples usages contemporains. Il analyse également le rôle du contrôle électrique dans la société, la psychiatrisation des mœurs, des maladies du cerveau (épilepsie, convulsions) ou du monde du travail générateur de nouveaux troubles et esquisse ainsi la genèse du modèle de l'électricité comme remède aux origines interlopes (p. 2).

« Elle est une arme dans la lutte contre la dégénérescence individuelle et sociale qui s'intègre dans l'affirmation d'une "police médicale". » (*Ibid.*, p. 18.)

L'auteur s'applique à retracer l'histoire de l'électricité médicale en France parallèlement aux histoires anglaise et italienne de ces pratiques. Il met également en exergue le fait que les thérapies électriques connaissent leurs premiers échecs appliquées à des maux physiques tels que des paralysies, ce qui n'est pas sans intérêt si on considère son développement dans le champ des troubles nerveux puis psychiatriques. En retrouvant le contexte d'émergence de l'électricité médicale, celui-ci devient intelligible pour le lecteur d'aujourd'hui. L'auteur met également en relief le fait que l'histoire croisée de l'électricité et de la médecine ne s'arrête pas avec le galvanisme, loin s'en faut. Que serait notre médecine sans l'électricité ?

À partir des notions épistémologiques de plasticité des savoirs et de polysémie des pratiques, notre auteur s'interdit toute lecture simplificatrice des développements de l'électricité, entre spectacle, médecine, mécanique et physique, se refusant également à reprendre les lectures binaires d'un Siècle des lumières qui opposerait progrès et raison à religion et obscurantisme.

En plus d'une bibliographie détaillée, scindée en sources primaires et sources secondaires, François Zanetti nous donne accès à un index très utile.

C'est donc à un voyage passionnant vers les origines des thérapies électriques que son ouvrage nous invite.

Céline Cherici

NORMES DE PRÉSENTATION DES ARTICLES SOUMIS À LA *REVUE* POUR PUBLICATION

Envoyer l'article à la rédaction sous la forme d'un fichier Word, accompagné du pdf de celui-ci, à l'adresse électronique : Revue.d.histoire.des.sciences@ens.fr.
L'article doit être accompagné d'un résumé en français suivi de mots-clés et de la traduction du résumé et des mots-clés en anglais.
Longueur maximum : 70 000 signes, notes et bibliographie incluses.
Saisir le texte en Times New Roman, corps 12, interligne 1,5.
Indiquer vos nom, prénom, adresse professionnelle complète (ou privée pour les retraités) et adresse électronique sur une page initiale ne comportant que cela.
Expliciter toutes les abréviations lors de leur première mention ou dans une liste placée en début d'article.
Indiquer les prénoms entiers de toutes les personnes citées (savants, historiens, chercheurs...), lors de leur première mention. Ensuite on pourra les désigner par leur seul nom de famille. Indiquer, entre parenthèses, les dates de naissance et de décès de ces personnes chaque fois que cela est pertinent.

NOTES
Les créer et numéroter à l'aide de la fonction « insertion automatique » de son traitement de texte et les placer en bas de page.
Longueur maximum de l'ensemble des notes : de l'ordre du quart de l'article.
Forme de l'appel de note :
- dans la « zone titre » : *, **, ***, etc.
- dans la suite de l'article : chiffre arabe en exposant (exemple : cet article[4]...) ; devant la note elle-même, chiffre arabe suivi d'un tiret (exemple : 4 - Article publié dans...). Numérotation en continu, à partir de 1, jusqu'à la fin de l'article.
Chaque note doit se rapporter à un endroit précis du texte : la *Revue* n'accepte pas les notes concernant tout un paragraphe ou un ensemble de paragraphes.

CITATIONS
Elles seront placées entre guillemets mais composées en italique seulement si la langue diffère de celle du texte courant de l'article.
Indiquer en note la référence bibliographique complète (avec mention de la page) de la source.
S'il s'agit d'une traduction du texte original, le préciser et indiquer la langue d'origine et la source (auteur de l'article ou référence bibliographique précise de la traduction – de référence, de préférence – citée). Fournir le texte original en note éventuellement.

RÉFÉRENCES BIBLIOGRAPHIQUES
Elles doivent obligatoirement être placées en notes. Elles doivent être complètes et exactes. Indiquer les prénoms des auteurs en entier.
En règle générale, on n'utilisera pas l'abréviation « p. » pour « page » (écrire « 16-32 » pour « pages 16 à 32 ») sauf quand son absence pourrait être source de confusion comme dans certaines références complexes (cf. *infra*).

Ouvrages
Freddy Litten, *Astronomie in Bayern, 1914-1945* (Stuttgart : Franz Steiner, 1992), « Boethius », vol. XXX.
(Les mentions du lieu d'édition, de l'éditeur et de l'année de parution sont obligatoires sauf pour les ouvrages antérieurs au XXe siècle, pour lesquels on pourra se dispenser de celle de l'éditeur uniquement.)

Articles
Jean Bernhardt, La question du vide chez Hobbes, *Revue d'histoire des sciences*, XLVI/2-3 (1993), 225-232.
(Pour : tome XLVI, n° 2-3, année 1993, pages 225-232 ; pas de guillemets au titre de l'article.)

Contribution à un ouvrage collectif
Enrico Giusti, Images du continu, in *The Leibniz-Renaissance : International Workshop*, Firenze, 2-5 giugno 1986 (Florence : Olschki, 1989), 83-97.

Thèses inédites et manuscrits
Javier Echeverria, « La Caractéristique géométrique de Leibniz en 1679 », thèse de doctorat d'État (univ. Paris I, 1980).
Seguin Aîné, « Mémoire du pont de Tournon-Tain », ms. du 30 novembre 1822 (Arch. dép. de l'Ardèche, fonds Seguin, pièce 27).

Références bibliographiques complexes
Utiliser systématiquement les abréviations conventionnelles : sér. (série), t. (tome), vol. (volume), fasc. (fascicule), chap. (chapitre), p. (page), etc.
Leonhard Euler, *Leonhardi Euleri opera omnia* (Bâle-Boston-Stuttgart : Birkhäuser), sér. 2, vol. 24, part. II (1987), p. 37.

Correspondance, manuscrits, périodiques, livres sont à adresser à la rédaction :
Revue d'histoire des sciences – CAPHÉS (UMS 3610, CNRS-ENS) – 45, rue d'Ulm – 75005 Paris – France
Tél. : +33(0)1 44 32 26 59
E-mail : Revue.d.histoire.des.sciences@ens.fr

Les articles soumis à la *Revue* pour publication devront être présentés conformément aux normes décrites au recto.

Tout article proposé pour publication à la *Revue d'histoire des sciences* est soumis à une procédure d'expertise en double aveugle. Après examen par le comité de rédaction, les auteurs recevront une réponse dans un délai de trois mois environ après réception du manuscrit. L'accord de publication pourra être assorti d'une demande de modifications sur le fond, la forme ou la présentation. Les articles acceptés seront publiés dans un délai variable selon les possibilités de la *Revue*. Les auteurs recevront un exemplaire papier du numéro de la revue et le tiré à part électronique de leur contribution.
Les articles refusés ne seront pas retournés.

La *Revue d'histoire des sciences* et les archives ouvertes

La politique de la *Revue d'histoire des sciences* en la matière est dictée par son souci de préserver le travail de recherche et de rédaction des auteurs, le travail d'expertise des rapporteurs et celui d'édition de la rédaction.

Les auteurs sont donc autorisés à déposer dans des archives ouvertes **institutionnelles** la version **avant expertise** de leur texte, en précisant « manuscrit auteur ». Il leur est en revanche interdit de diffuser ou reproduire dans des archives ouvertes – quelles qu'elles soient – la version révisée, après évaluation, de leur texte ainsi que tout fichier électronique (de type pdf) reproduisant la version imprimée de celui-ci.

Les auteurs conservent le droit de reproduire ou de représenter cette version *post-print* dans le cadre de leurs activités, non commerciales, de recherche et/ou d'enseignement. Ils peuvent communiquer cette version lors de colloques, congrès et journées de formation auxquels ils participent. En cas de publication, ils doivent se rapprocher de l'éditeur pour obtenir son accord.

Tarifs d'abonnement 2018 TTC (Offre valable jusqu'au 31 décembre 2018)

	France	Étranger (hors UE)
Particuliers	☐ 70 €	☐ 85 €
Institutions	☐ 120 €	☐ 150 €
Adhérents/Étudiants (sur justificatif)	☐ 55 €	☐ 55 €

Chaque abonnement donne dr[oit] à la livraison des 2 numéros a[n]nuels de la revue et à l'accès [en] ligne aux articles en texte intég[ral] aux conditions prévues par l'acco[rd] de licence disponible sur le si[te] **www.revue.armand-colin.co[m]**

Prix au fascicule : 45 €

Abonnement et vente au numéro de la *Revue d'histoire des sciences*
Dunod Éditeur, Revues Armand Colin – 11, rue Paul Bert – CS 30024 – 92247 Malakoff cedex
Tél. (indigo) : 0 820 800 500 – Étranger : +33 (0)1 41 23 60 00 – Fax : +33 (0)1 41 23 67 35
Mail : revues@armand-colin.com

Vente aux libraires
U.P. Diffusion / D.G.Sc.H. – 11, rue Paul Bert – CS 30024 – 92247 Malakoff cedex – Tél. : 01 41 23 67 18 – Fax : 01 41 23 67 30

www.ingramcontent.com/pod-product-compliance
Lightning Source LLC
LaVergne TN
LVHW021237061026
849535LV00008B/3098